新工科·普通高等教育机电类系列教材

# 现代机械制图习题集

主　编　高辉松　肖　露
副主编　关尚军　王永泉　吕小彪　陶　冶
参　编　樊　宁　张洪军　王　静　何扬清
姚春东

机械工业出版社

本习题集根据教育部高等学校工程图学课程教学指导分委员会制定的《普通高等院校工程图学课程教学基本要求》，结合现代教学方法编写而成。本习题集与陶冶、张洪军主编的《现代机械制图》教材配套使用。

本习题集内容包括制图基本知识、投影基础、立体的投影、组合体的投影、轴测图、机件的表达方法、标准件与常用件、零件图、装配图。本习题集配有大量视频动画讲解资源，学生可以通过手机扫码观看。

本习题集可作为高等院校机械类、近机械类等工科专业的机械制图教材，也可供其他类型学校的相关专业选用。

**图书在版编目（CIP）数据**

现代机械制图习题集/高辉松，肖露主编．—北京：机械工业出版社，2021.9（2023.7重印）

新工科·普通高等教育机电类系列教材

ISBN 978-7-111-69284-3

Ⅰ.①现…　Ⅱ.①高…②肖…　Ⅲ.①机械制图-高等学校-习题集　Ⅳ.①TH126-44

中国版本图书馆CIP数据核字（2021）第203549号

机械工业出版社（北京市百万庄大街22号　邮政编码100037）
策划编辑：蔡开颖　责任编辑：蔡开颖　段晓雅
责任校对：王明欣　封面设计：张　静
责任印制：刘　媛
北京联兴盛业印刷股份有限公司印刷
2023年7月第1版第3次印刷
370mm×260mm · 21.5印张 · 268千字
标准书号：ISBN 978-7-111-69284-3
定价：59.00元

| 电话服务 | 网络服务 |
|---|---|
| 客服电话：010-88361066 | 机　工　官　网：www.cmpbook.com |
| 010-88379833 | 机　工　官　博：weibo.com/cmp1952 |
| 010-68326294 | 金　　书　　网：www.golden-book.com |
| **封底无防伪标均为盗版** | 机工教育服务网：www.cmpedu.com |

# 前　　言

本习题集内容包括制图基本知识、投影基础、立体的投影、组合体的投影、轴测图、机件的表达方法、标准件与常用件、零件图、装配图。本习题集与陶冶、张洪军主编的《现代机械制图》教材配套使用，适用于高等院校工科机械类、近机械类各专业。

本习题集根据教育部高等学校工程图学课程教学指导委员会制定的《普通高等院校工程图学课程教学基本要求》，结合现代教学方法编写而成。本习题集具有如下特点：

1）习题内容与配套教材编排顺序保持一致。

2）选题全面，理论与实际应用相呼应。习题的选择既注重基本概念的掌握和考核，又强调综合能力的应用，特别是组合体、零件图、装配图部分，将知识点的综合应用和实际工程应用紧密结合，从不同角度培养学生的工程意识和创新能力。学生通过习题训练不仅能加深对知识点的理解，还能提高空间思维能力。

3）适用范围广。本习题集适用于机械类、近机械类各专业学生，为适应不同专业和学时要求，习题的数量有一定的余量，可根据实际情况选用。

4）创新性强。本习题集配有大量视频动画（含讲解）资源（题目后用图标表示），学生可以通过手机扫码观看，有助于对题目的理解。

本习题集由高辉松、肖露主编，副主编有关尚军、王永泉、吕小彪、陶冶，参加本习题集编写工作的还有樊宁、张洪军、王静、何扬清、姚春东。

由于编者水平有限，错漏之处在所难免，恳请读者批评指正。

编　者

[本习题集资源，扫码观看]

# 目　　录

1-1 汉字字体练习。

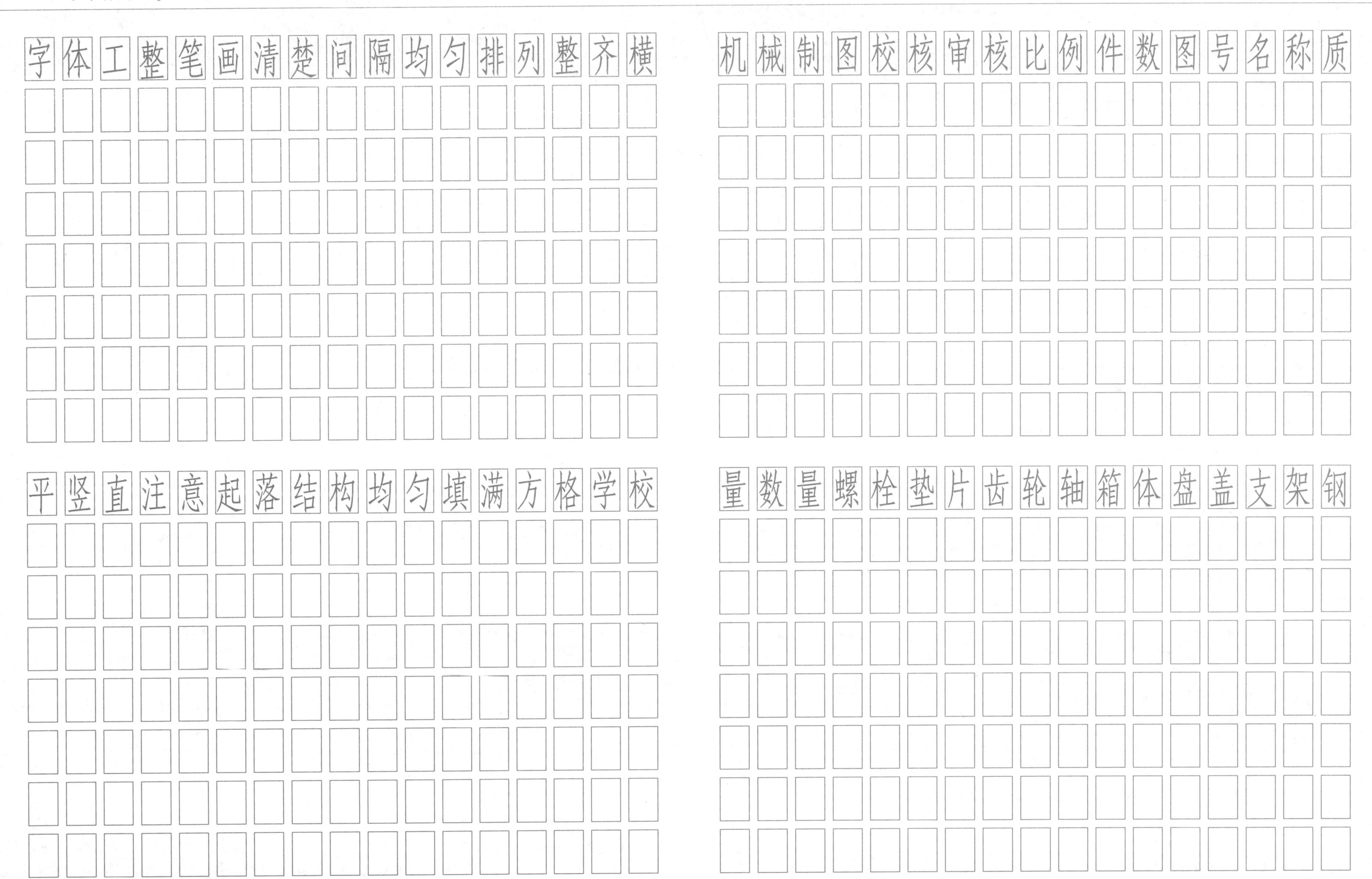
字体工整笔画清楚间隔均匀排列整齐横
机械制图校核审核比例件数图号名称质
平竖直注意起落结构均匀填满方格学校
量数量螺栓垫片齿轮轴箱体盘盖支架钢

班级：　　　　姓名：　　　　学号：

1-2　数字和字母字体练习。

班级：　　　　姓名：　　　　学号：

## 1-3 图线、图形练习。

1. 在指定位置绘制各种图线。

2. 抄画所示图形。

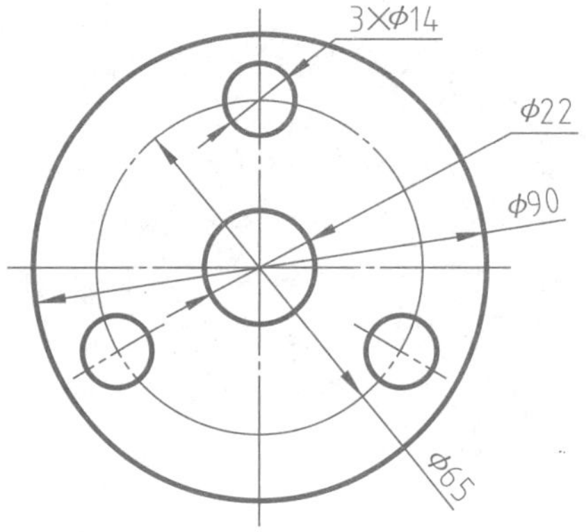

3×ϕ14
ϕ22
ϕ90
ϕ65

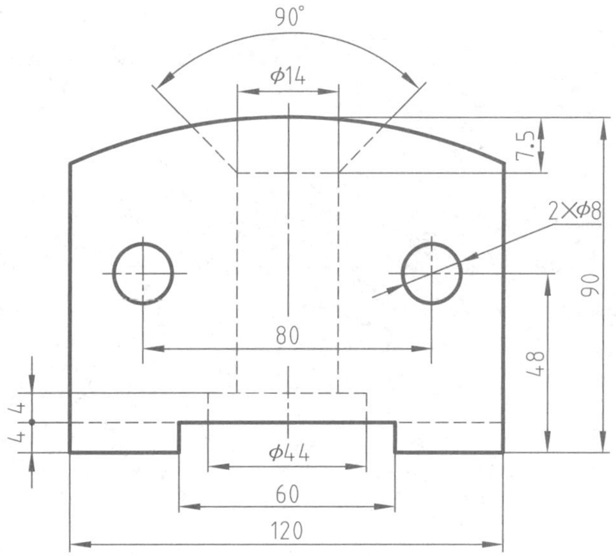

90°
ϕ14
7.5
2×ϕ8
90
80
48
4
4
ϕ44
60
120

班级：　　　　姓名：　　　　学号：

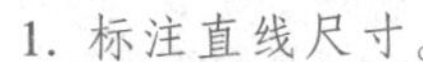

## 1-4 尺寸标注（尺寸数值按1∶1从图中量取并取整）。

1. 标注直线尺寸。

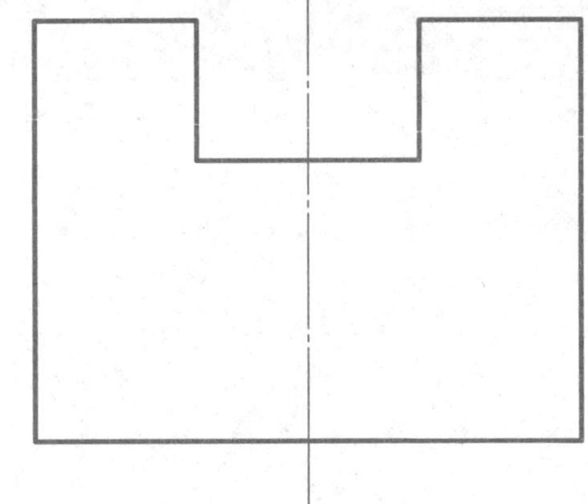

2. 标注角度尺寸。

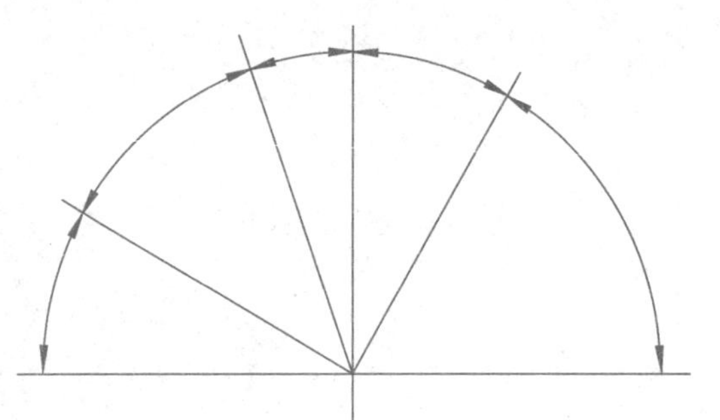

3. 标注下图尺寸。

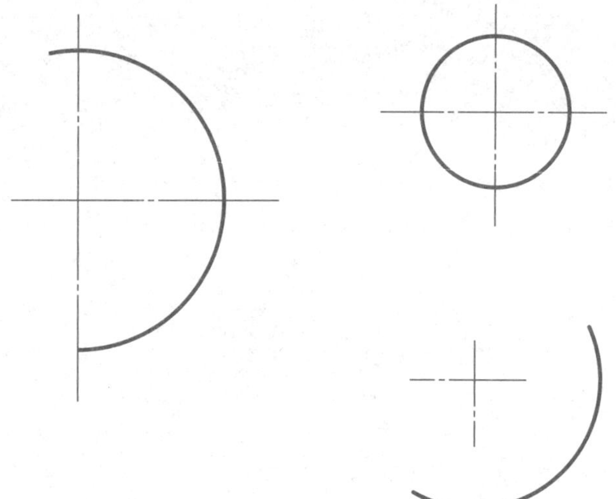

4. 标注下图尺寸。

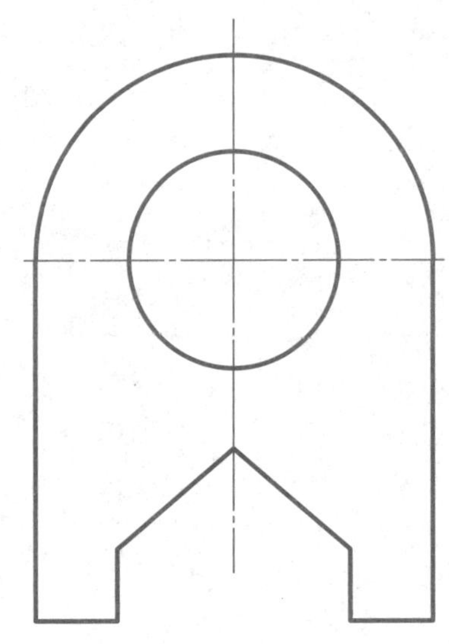

5. 标注下图尺寸。

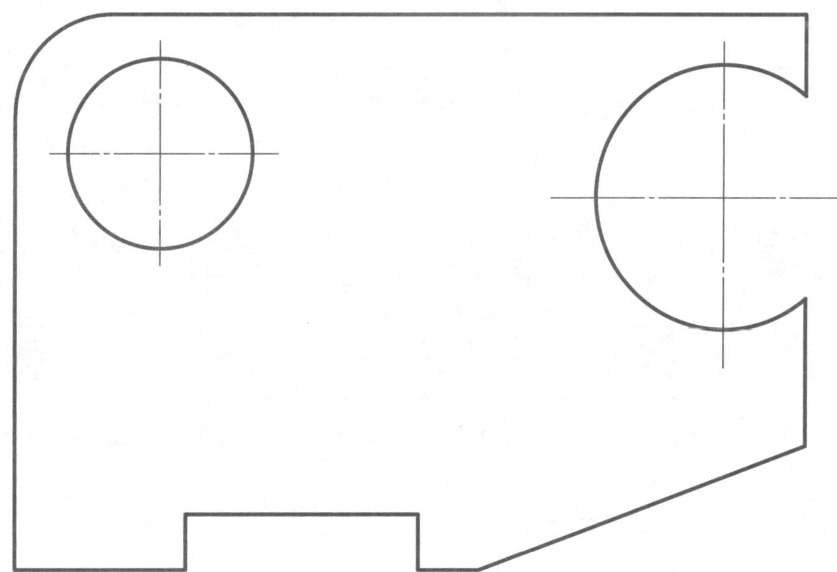

班级：　　　　姓名：　　　　学号：

1-5　标注平面图形尺寸（按 1∶1 量取并取整）。

1.

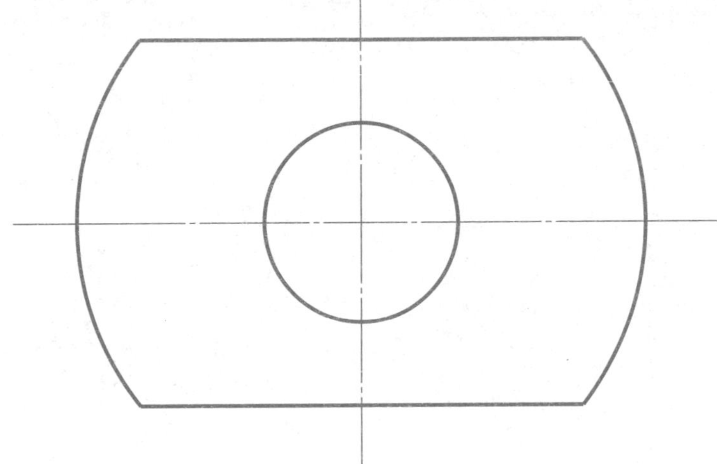

2.

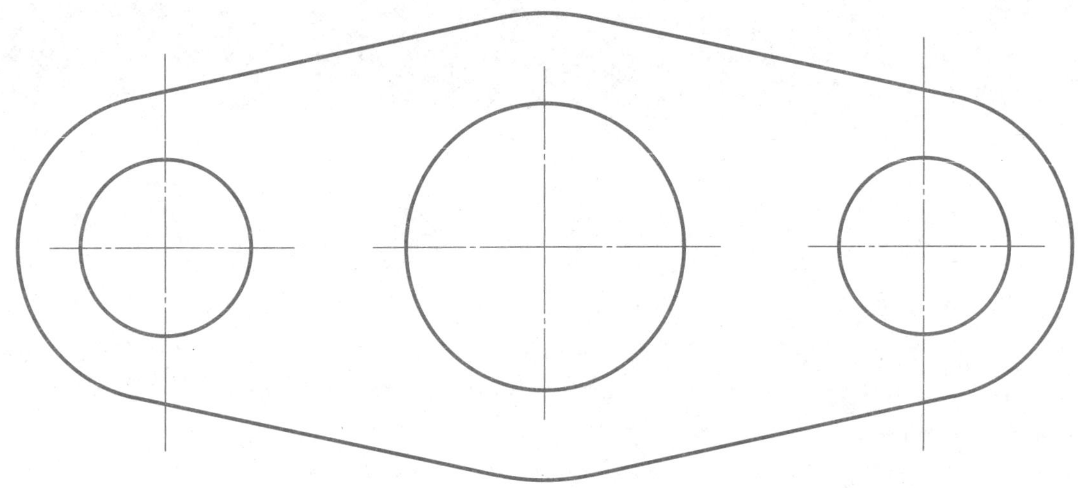

3.

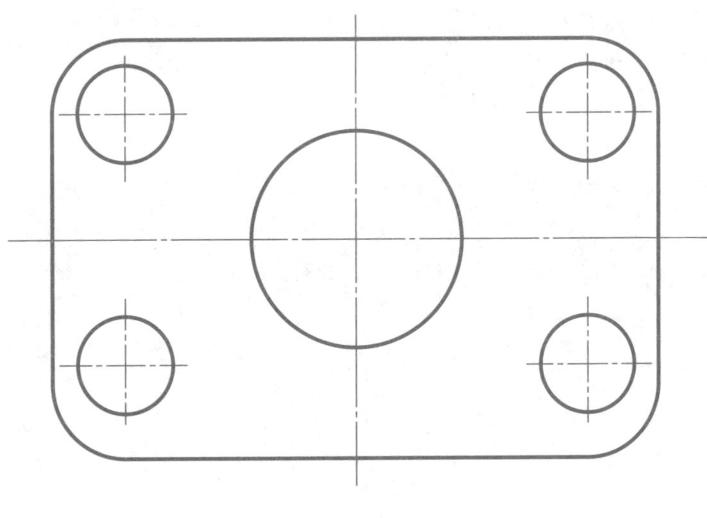

4.

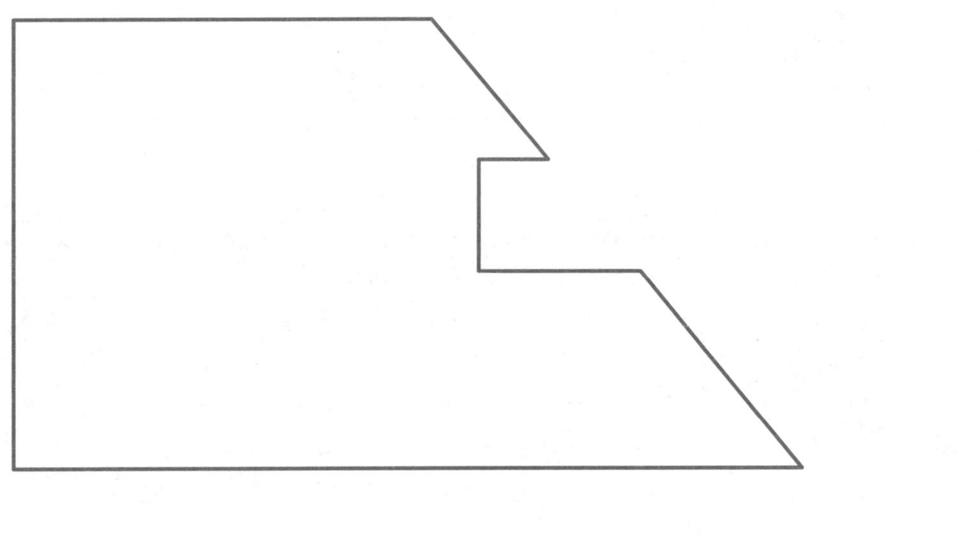

1-6　标注平面图形尺寸（按 1∶1 量取并取整）。

1.

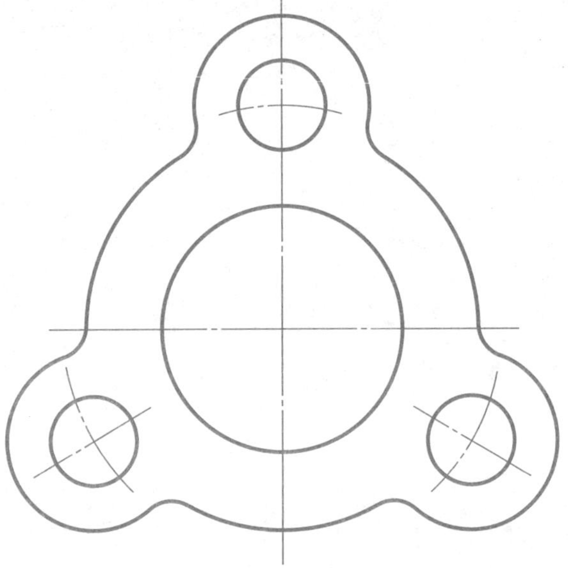

2.

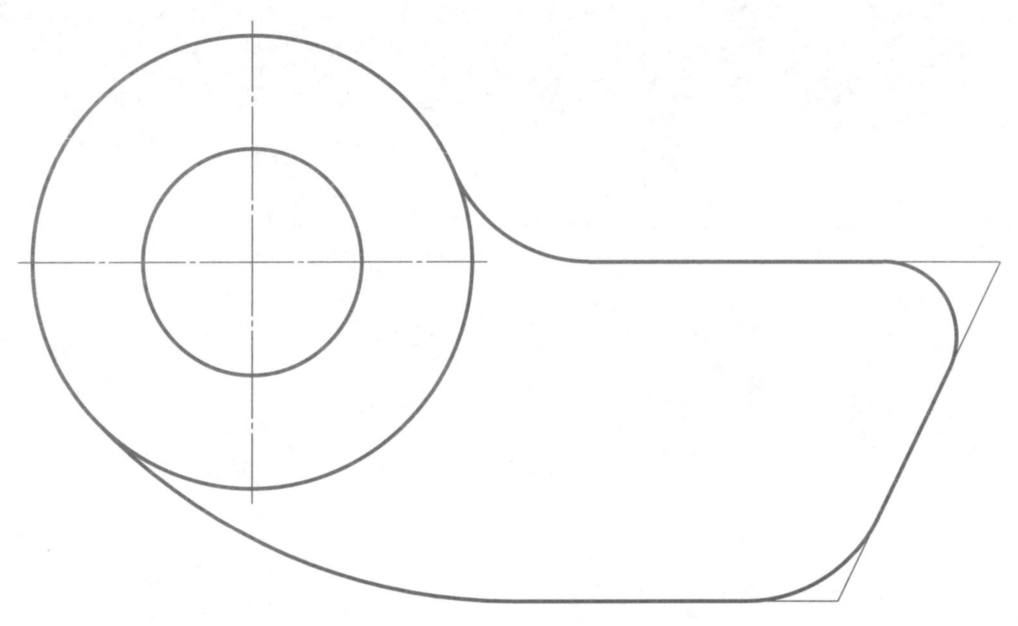

3.

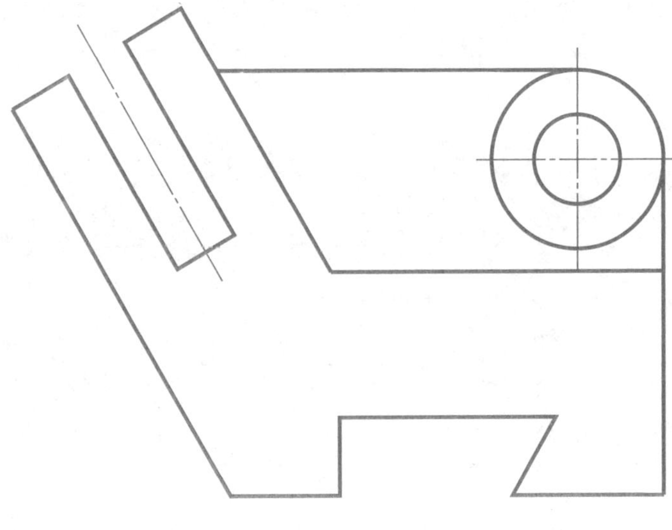

4.

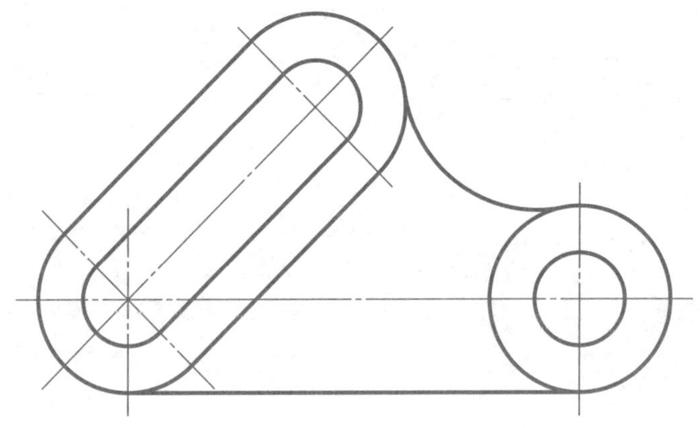

1-7　绘制平面图形（一）。

1. 在图形右侧按 1：1 绘制给定图形。

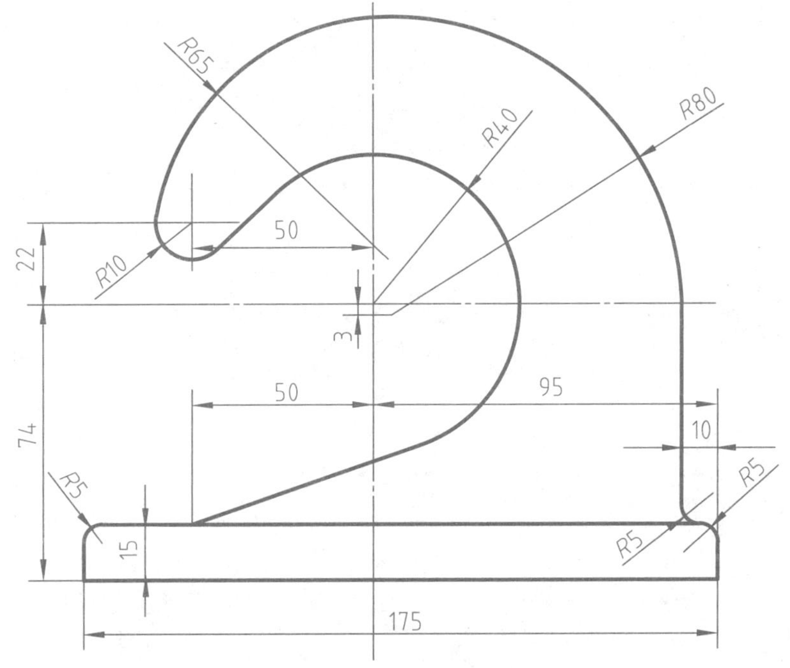

1-8　绘制平面图形（二）。

2. 按照 2：1 的比例绘图。

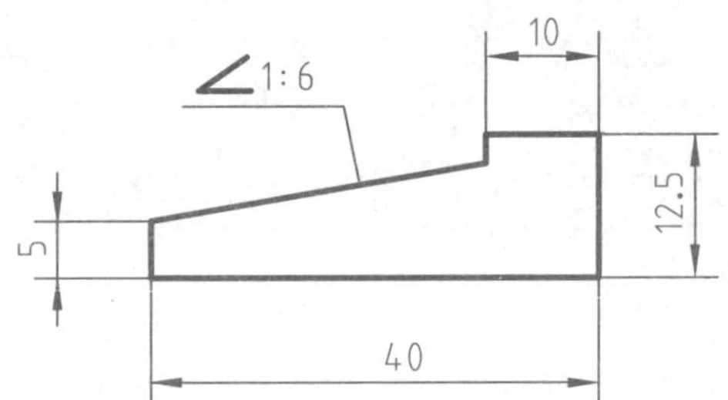


3. 按照 2：1 的比例绘图。

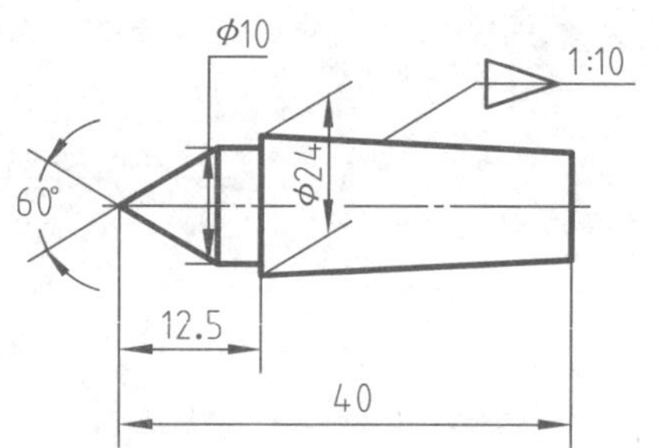


4. 用四心法绘制椭圆。

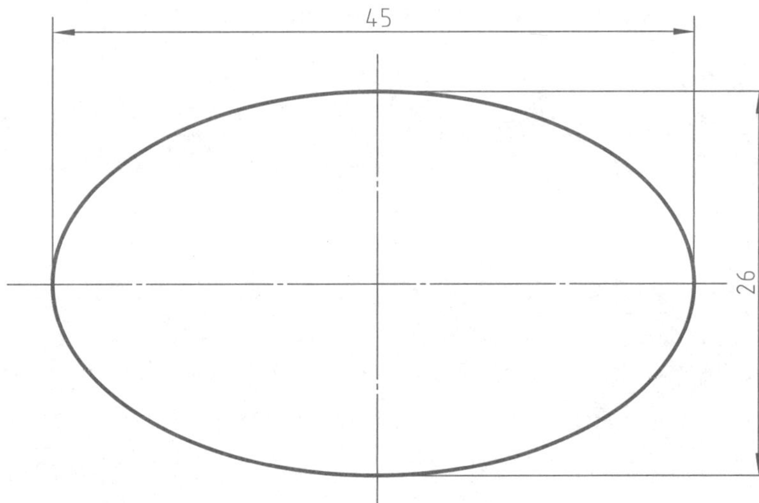

1-9　在A3图纸上用1∶1的比例抄绘下列图形并标注尺寸。

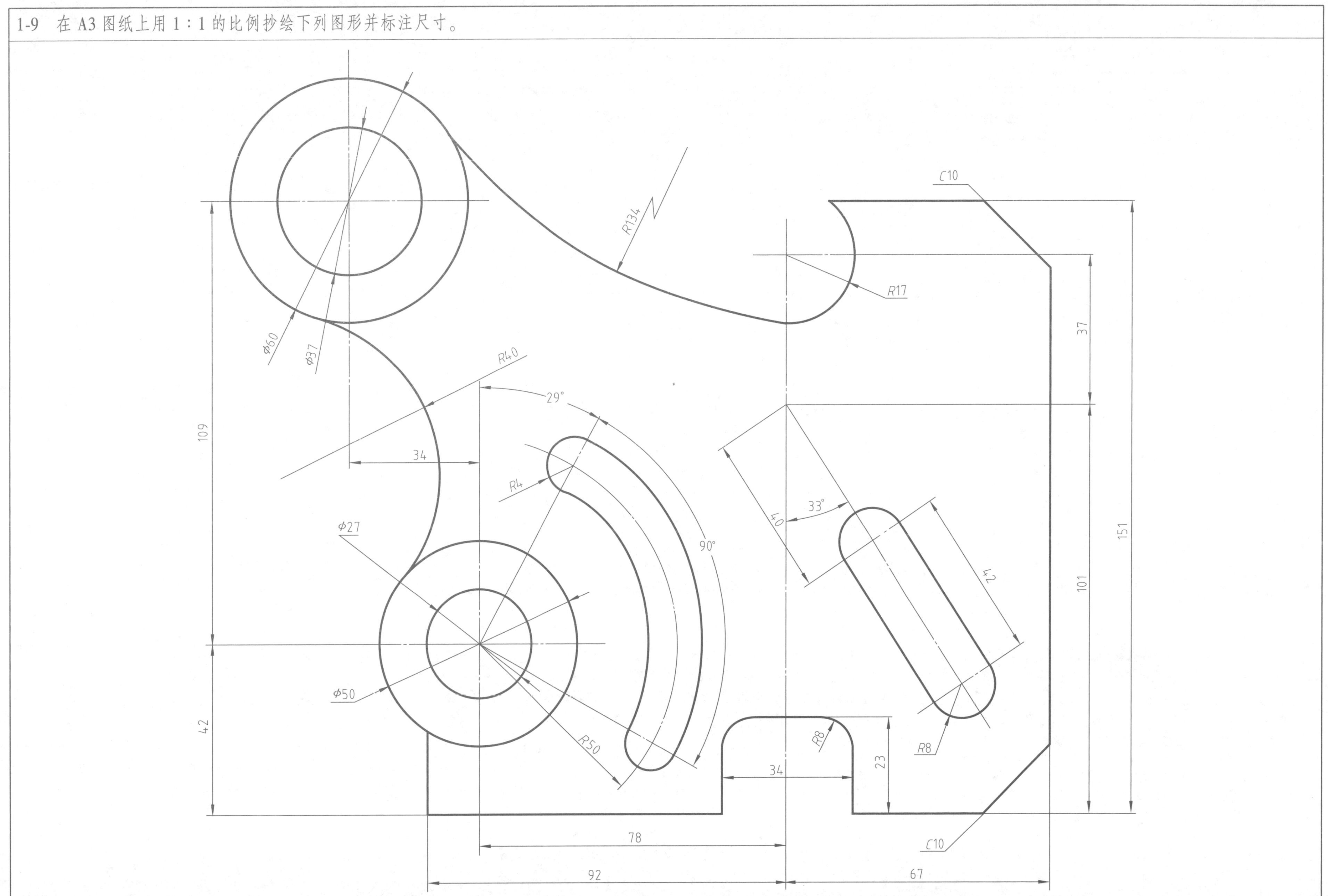

　班级：　姓名：　学号：

2-1　投影的概念与分类。

1. 作出物体的 $W$ 面投影，并将点标注到投影图上。

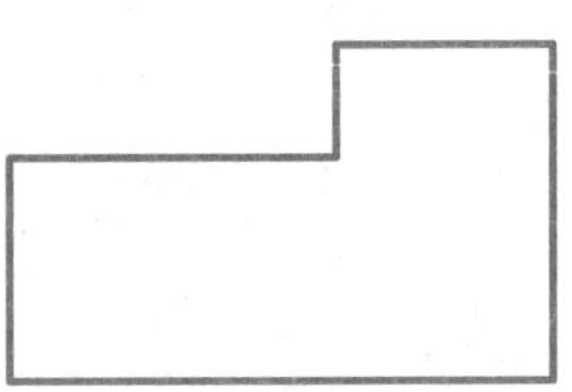

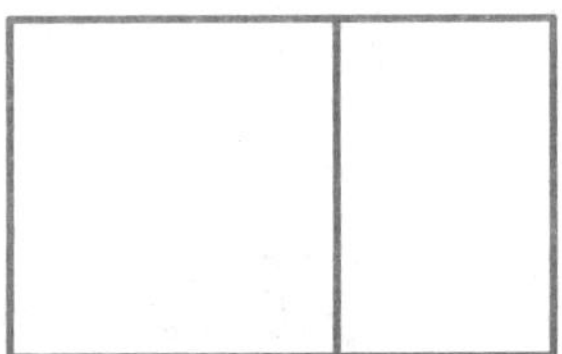

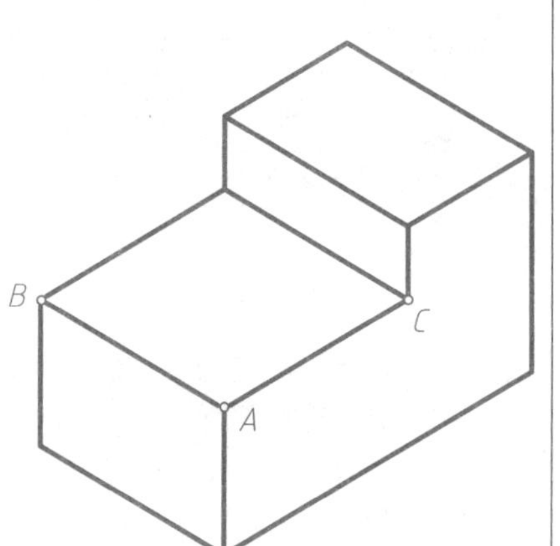


2. 求点 $B$、$C$ 的第三面投影。

3. 已知点 $A$（26，10，18），$B$（20，15，10），求其三面投影。

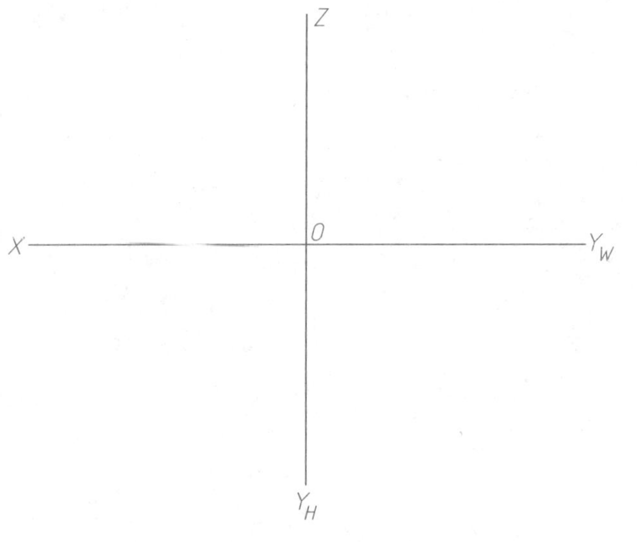

2-2　正投影的基本性质。根据给出的视图补画第三视图。

1.

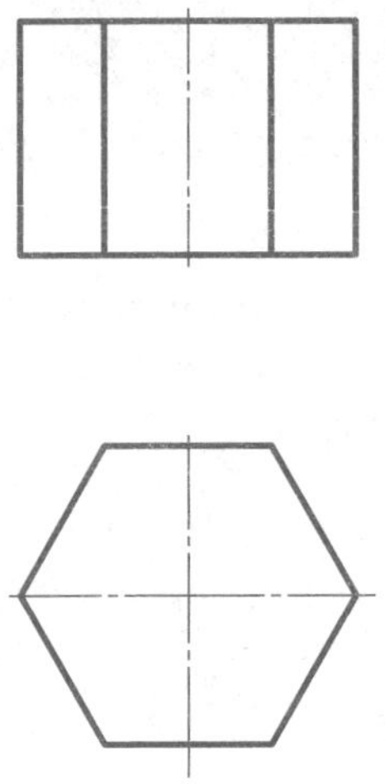

2.

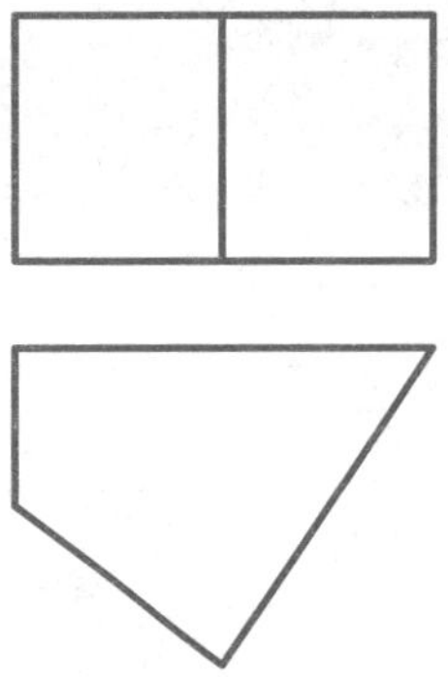

3.

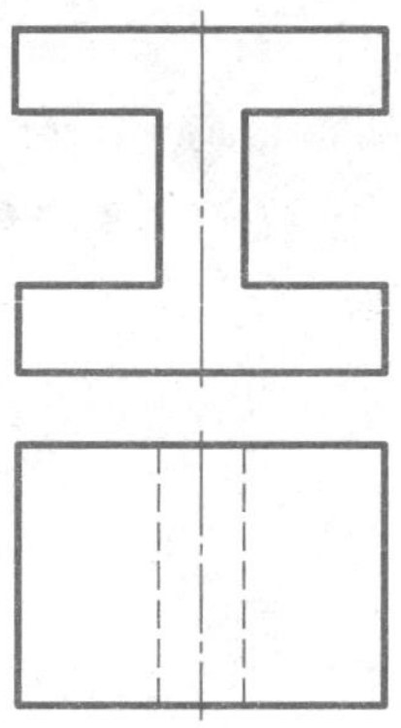

4.

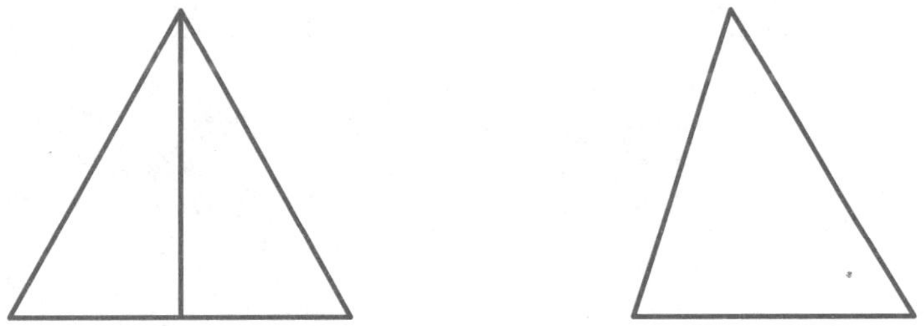

5.

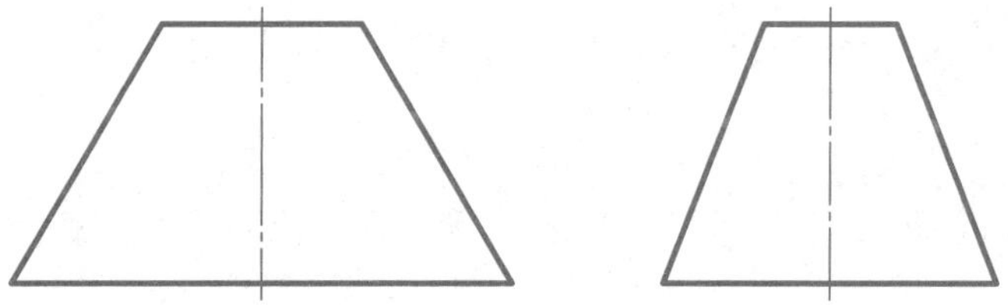

班级：　　　　姓名：　　　　学号：

## 2-3 点的投影（一）。

1. 已知空间点 A、B、C 的两面投影，求第三面投影。

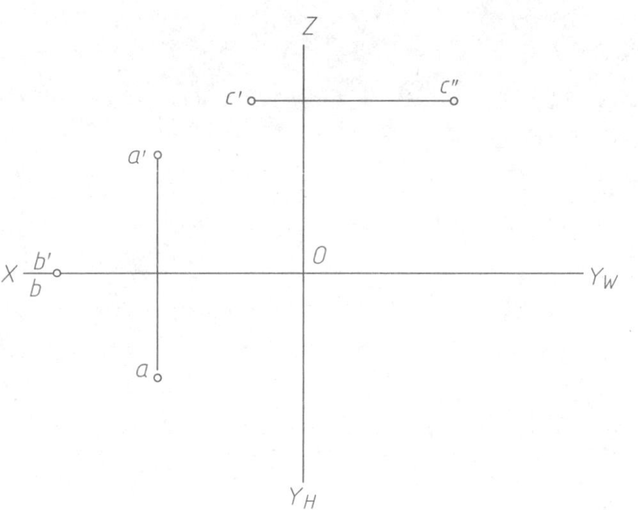


2. 已知空间点 A、B 分别在 V、H 面上，点 C 在 Z 轴上，求点 A、B、C 的其他两面投影。

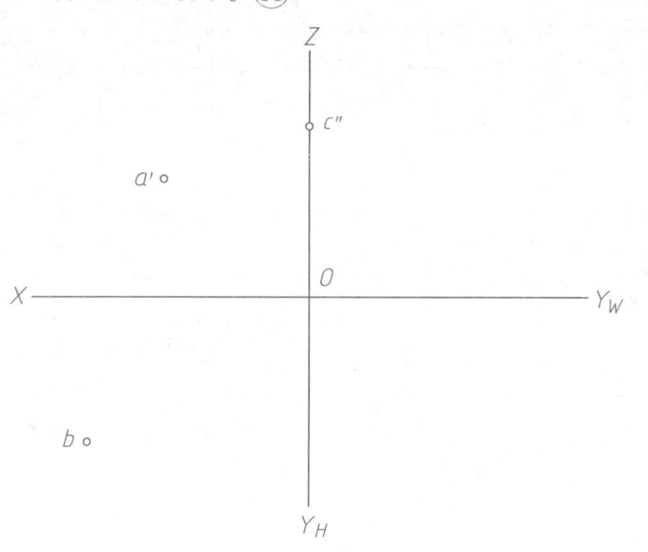


3. 已知空间点 A 到 V 面的距离和到 H 面的距离相等，求点 A 在 V 面和 W 面上的投影。

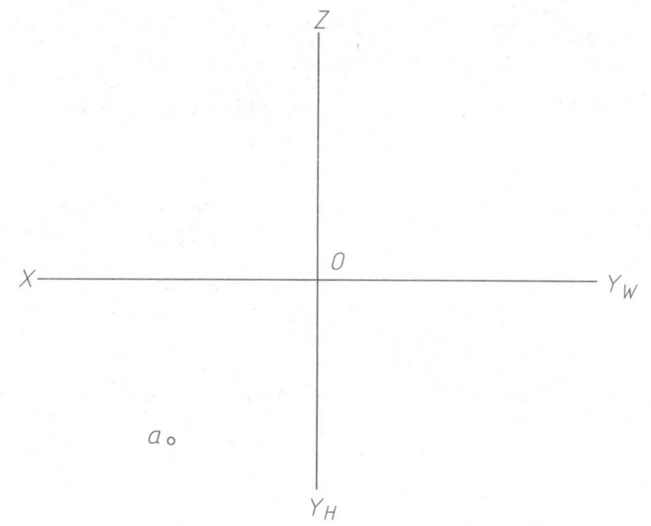


4. 已知点 A(26，10，18)，求其三面投影。

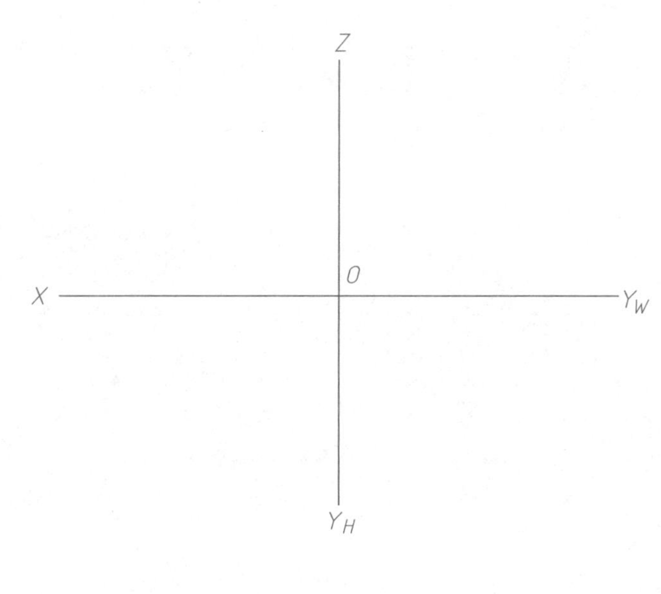


5. 已知点 A 在 V 面之前 20mm，点 B 在 H 面上，点 C 在 W 面之左 15mm，补全各点的投影。

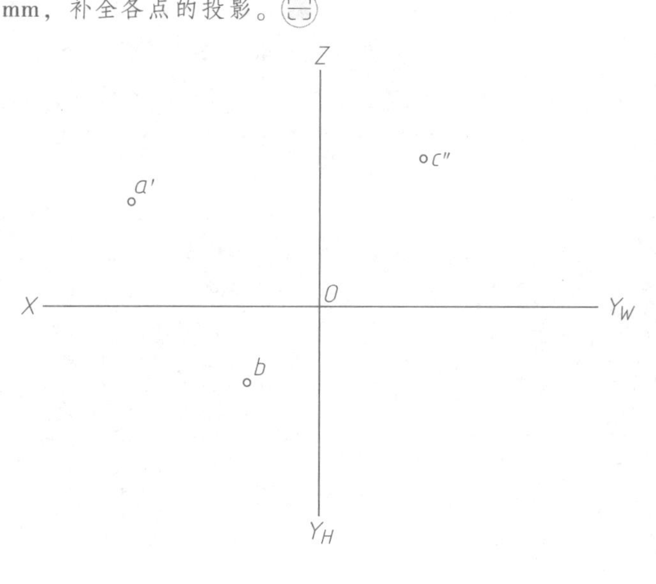


6. 已知点 A、B 为 V 面的重影点，补全各点的其他两面投影。

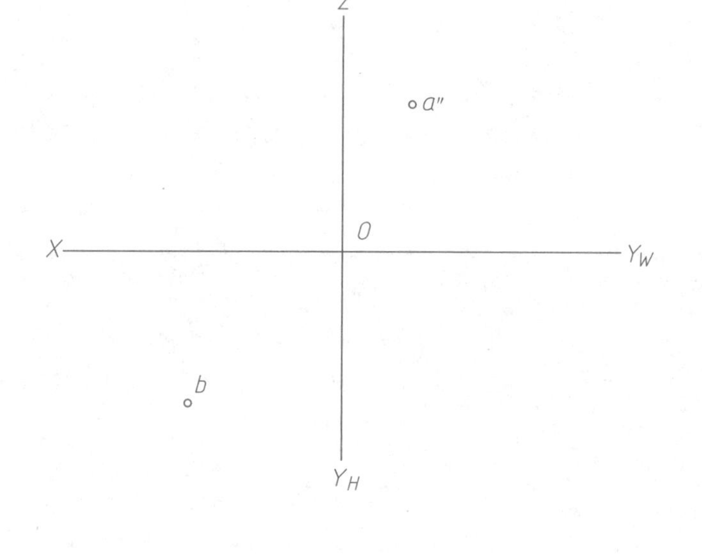

班级：　　　　姓名：　　　　学号：

## 2-4　点的投影（二）。

7. 根据立体图作各点的两面投影。

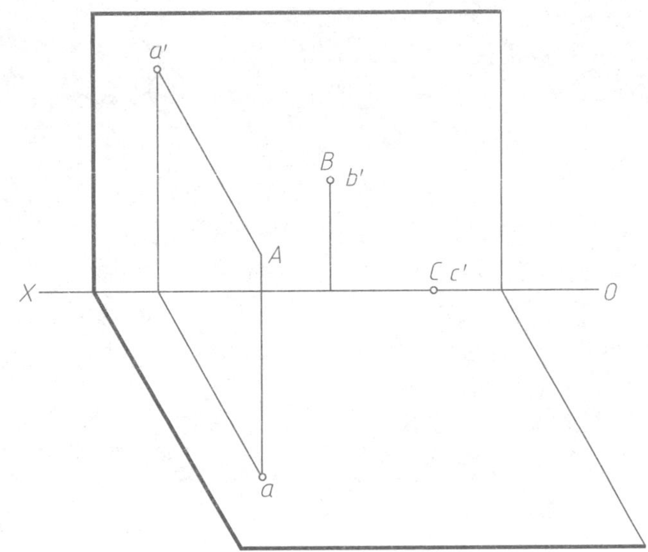


X　　　　　　　　　　　　　　　　　　O

8. 已知点 $A(10, 15, 18)$，点 $B$ 距离点 $A$ 为 10，与点 $A$ 为 $V$ 面的重影点；点 $C$ 与点 $A$ 是相对于 $H$ 面的重影点，距离点 $A$ 为 10；点 $D$ 在点 $A$ 的正前方 20。补全各点的三面投影。

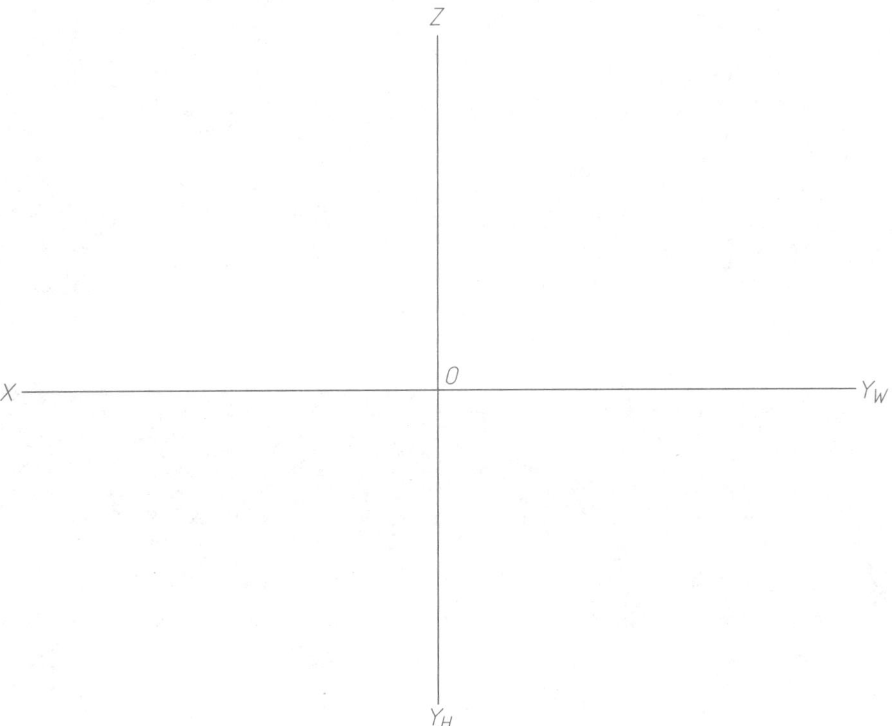

## 2-5 直线的投影（一）。

1. 已知直线段的两个投影，求第三投影，并指出直线段在哪一个投影面上的投影反映实长。

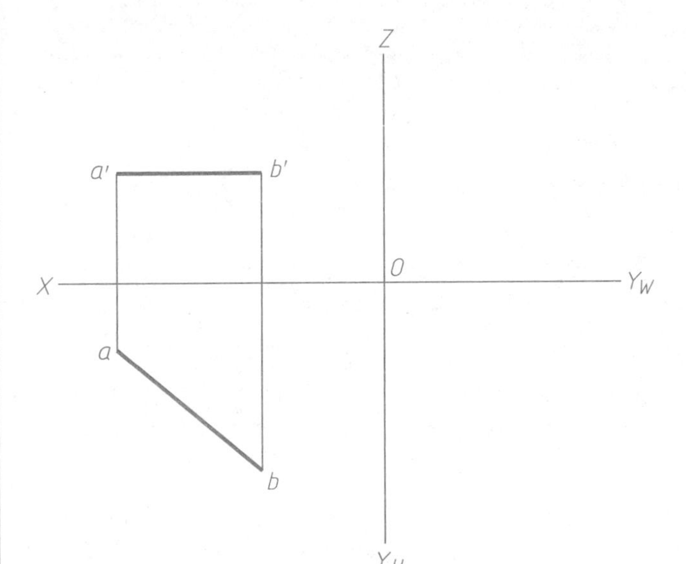


直线段在________面上的投影反映实长

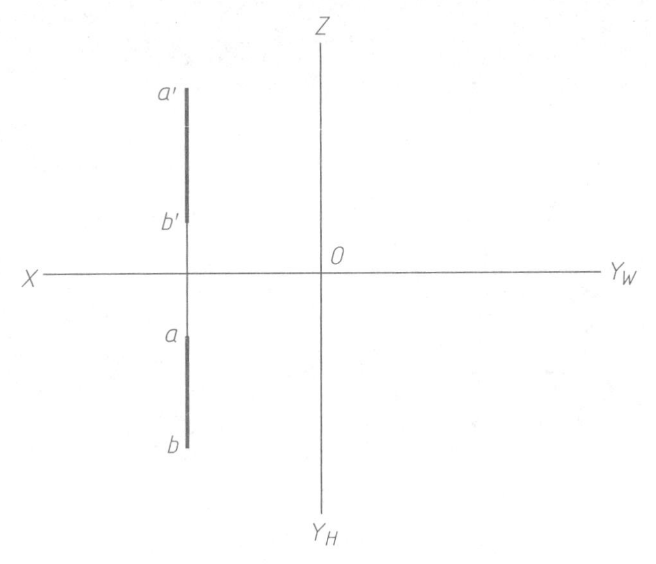


直线段在________面上的投影反映实长

2. 已知直角三角形平面与水平投影面垂直，根据投影分别判断三角形的三个边是什么位置直线。

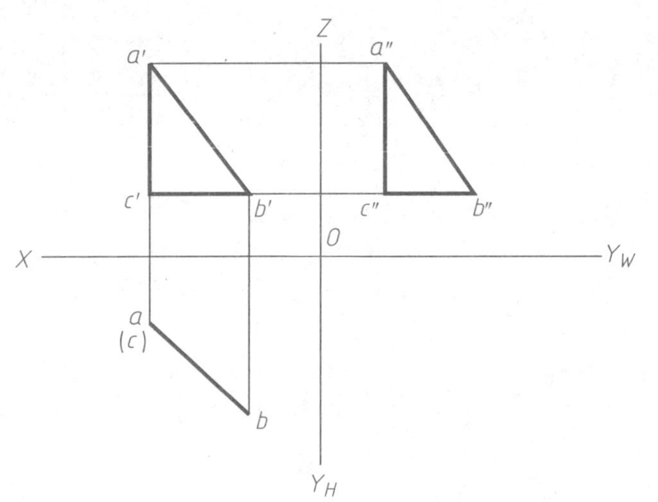


AB 直线是____________

BC 直线是____________

AC 直线是____________

3. 已知直线 AB 上点 K 到水平投影面的距离为 15，求点 K 的两面投影。

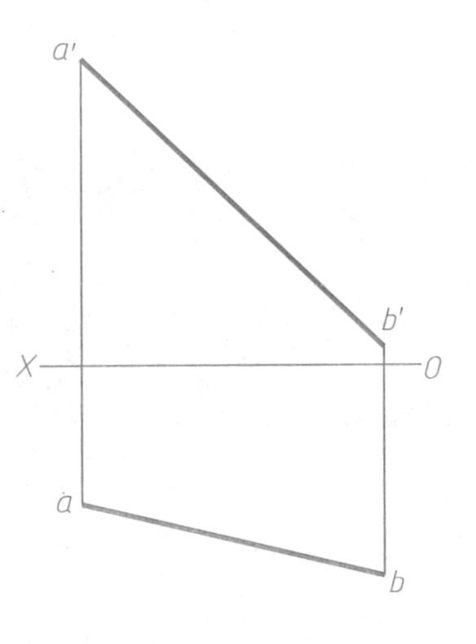


4. 已知直线 AB 与 CD 相交，求直线 CD 的水平投影。

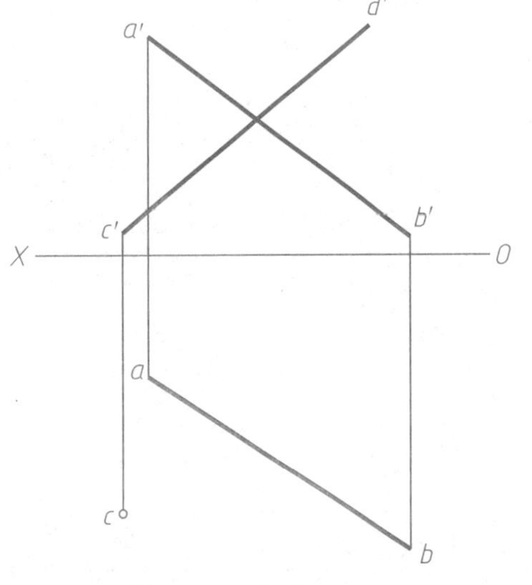


5. 已知直线 AB 平行于 CD，求直线 CD 的水平投影。

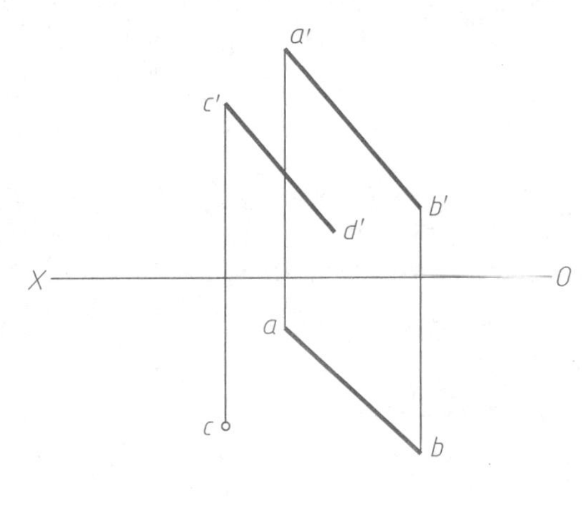


6. 直线 GH 与直线 AB、EF 相交，并与直线 CD 平行，求作直线 GH 的两面投影（点 G、H 分别在直线 AB、EF 上）。

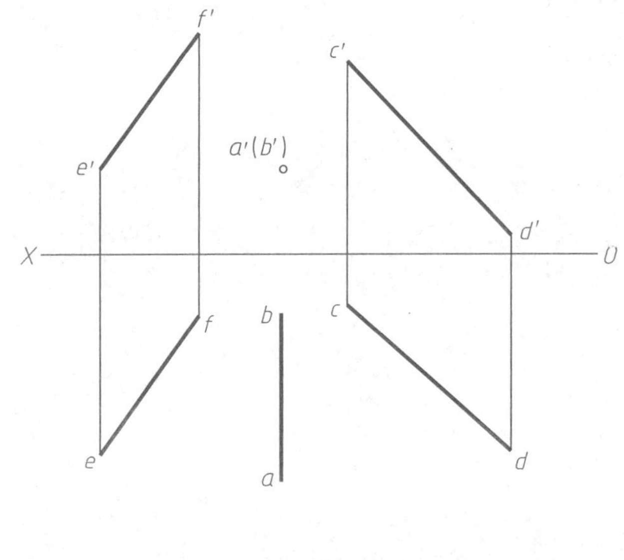

## 2-6 直线的投影（二）。

7. 已知点 *A*、*B*、*C* 在同一直线上，求点的投影。

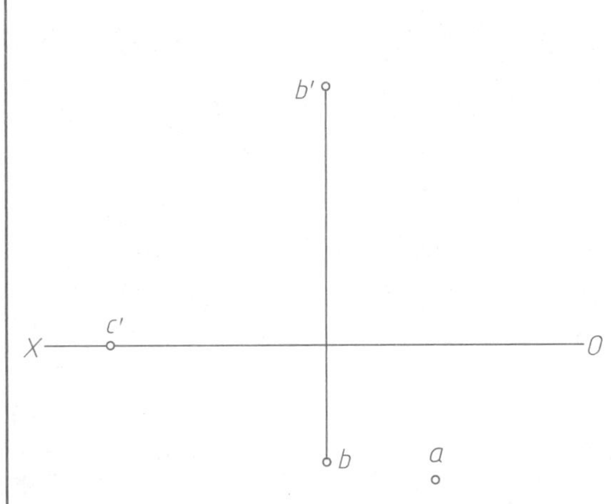


8. 判断下列两直线的相对位置（平行、相交、交叉）。

(1)

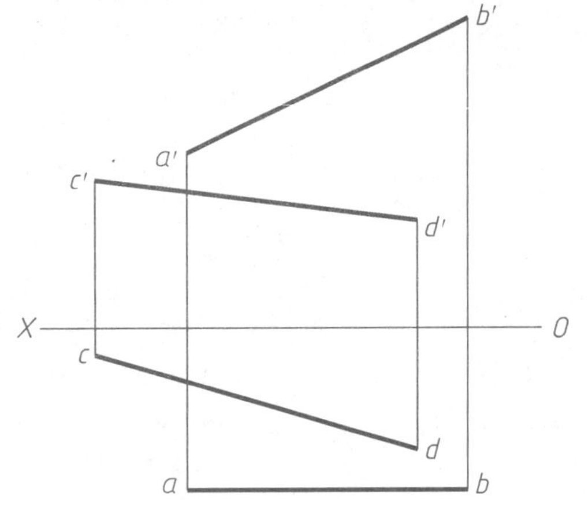


(　　)

(2)

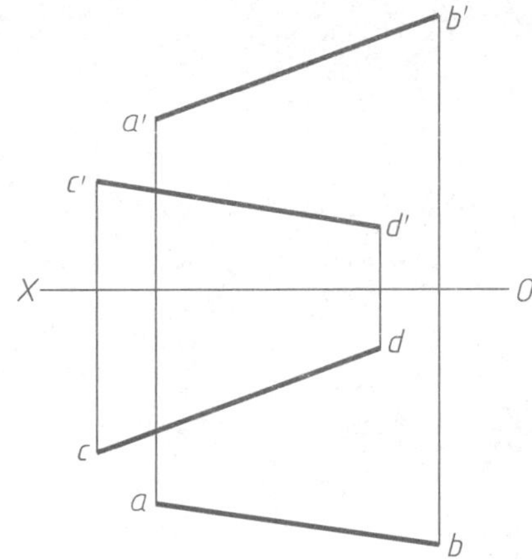


(　　)

(3)

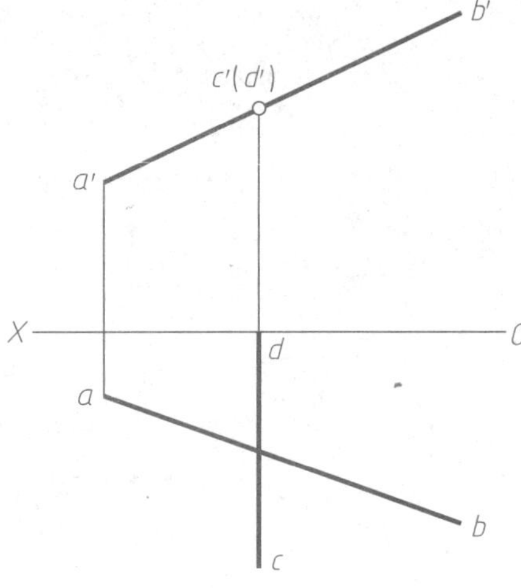


(　　)

(4)

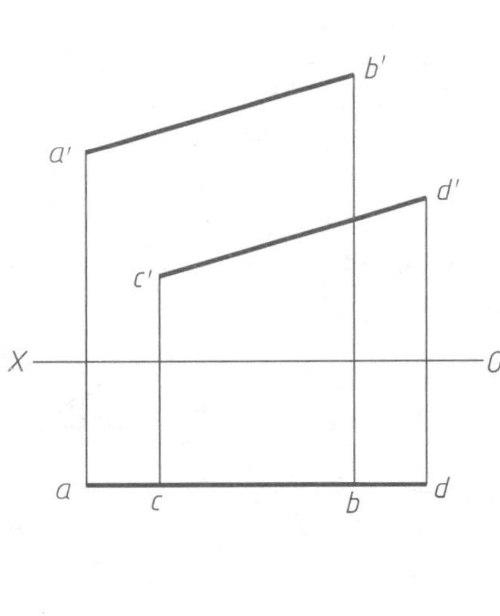


(　　)

(5)

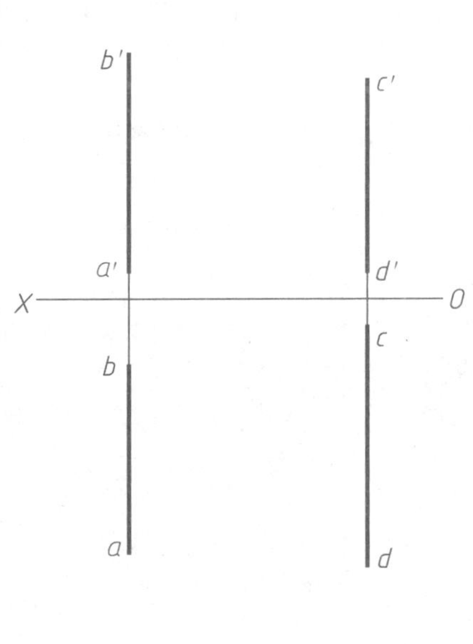


(　　)

(6)

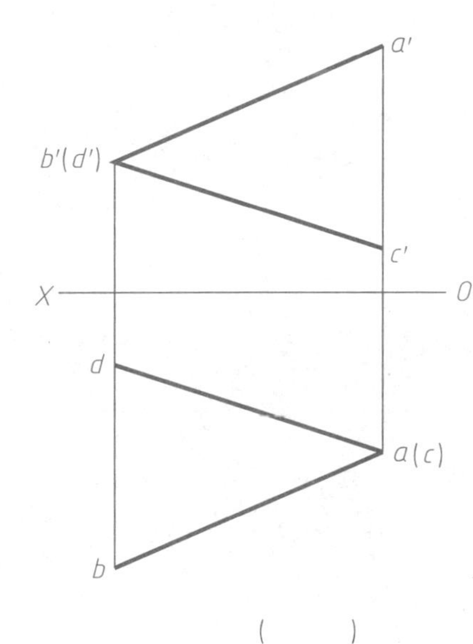


(　　)

## 2-7 平面的投影（一）。

1. 判断下列平面相对于投影面的位置。

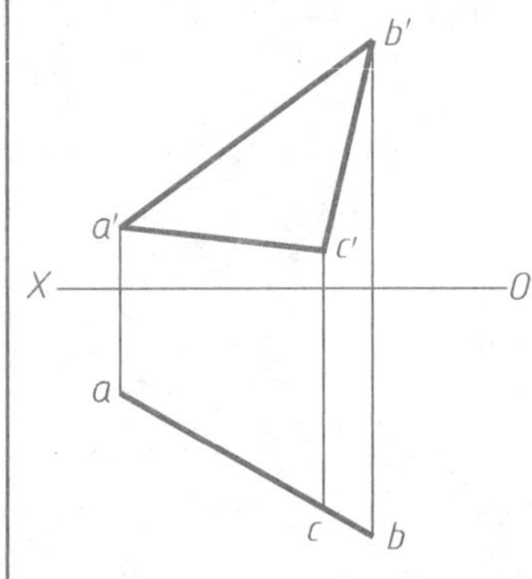


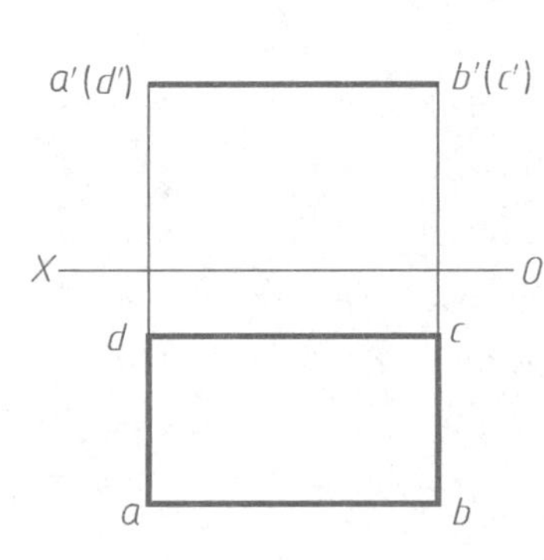
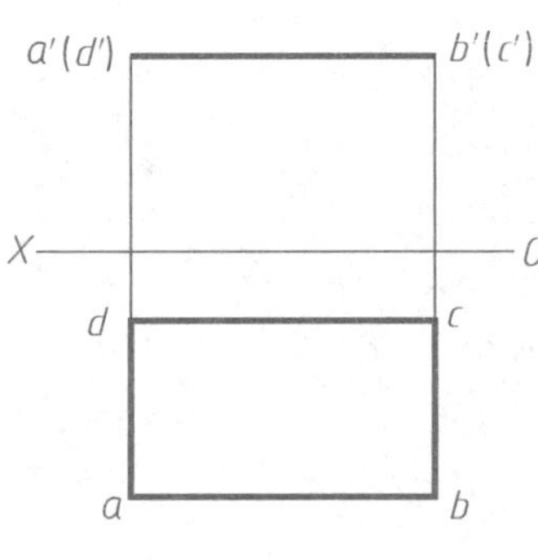


平面 *ABC* 是________面　　平面 *ABCD* 是________面

2. 求平面图形的侧面投影。

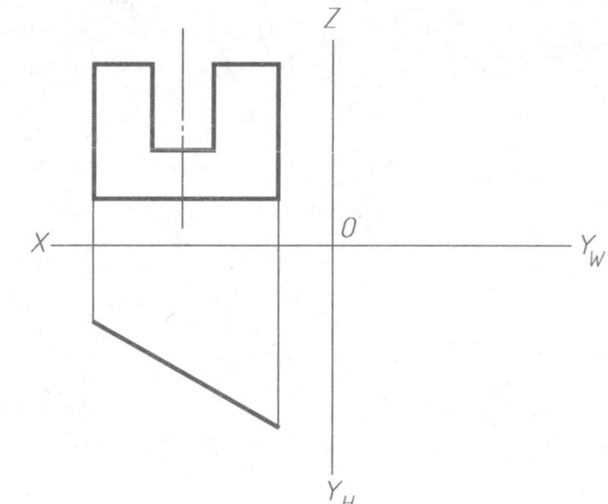


3. 求平面 *ABC* 上点 *K* 的正面投影。

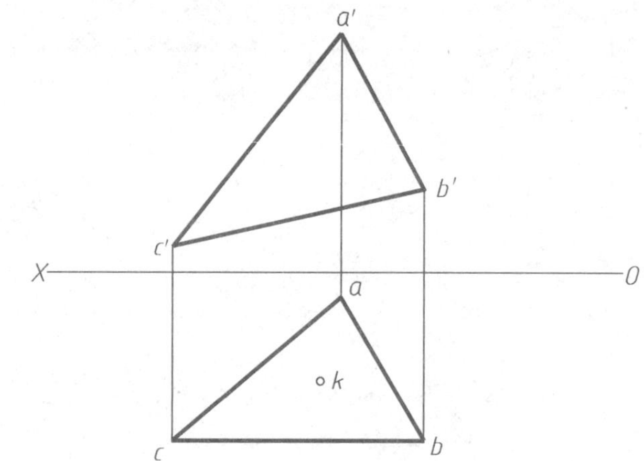


4. 根据立体的三面投影，判断三角形平面 *ABC* 是什么位置平面。

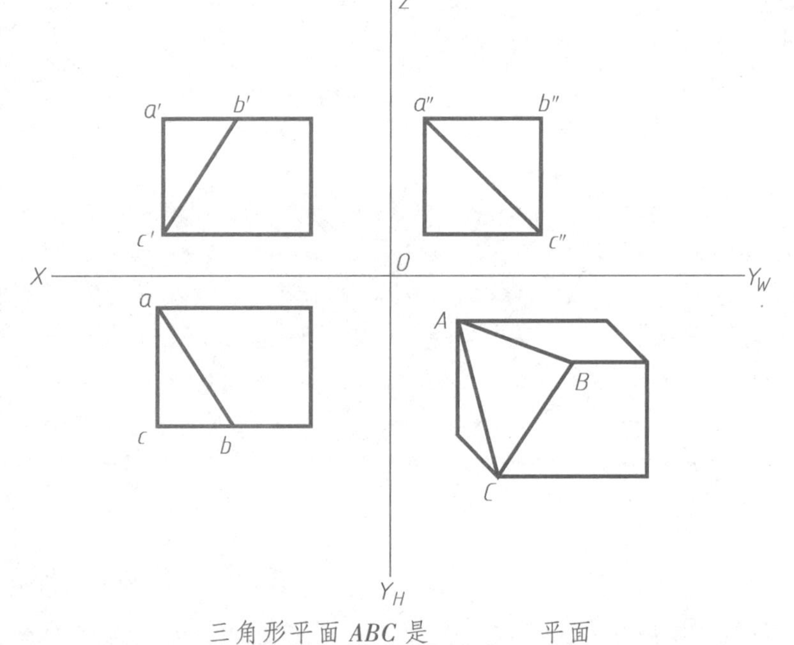


三角形平面 *ABC* 是________平面

5. 在三角形平面 *ABC* 上分别过点 *A* 作水平线，过点 *C* 作正平线的两面投影。

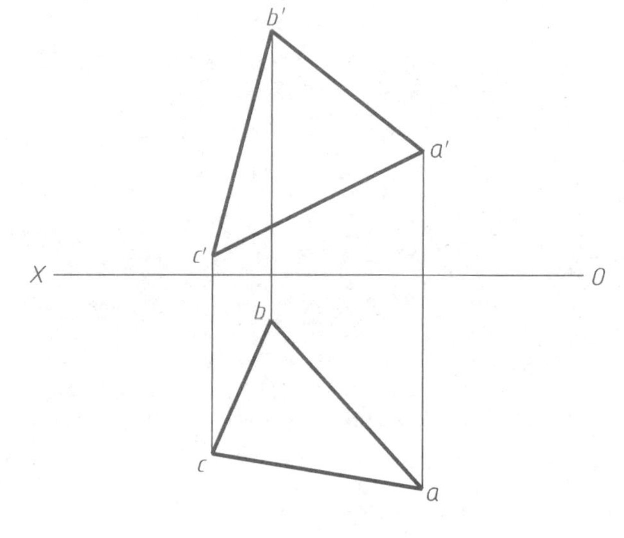


6. 补全平面 *ABCDE* 的水平投影。

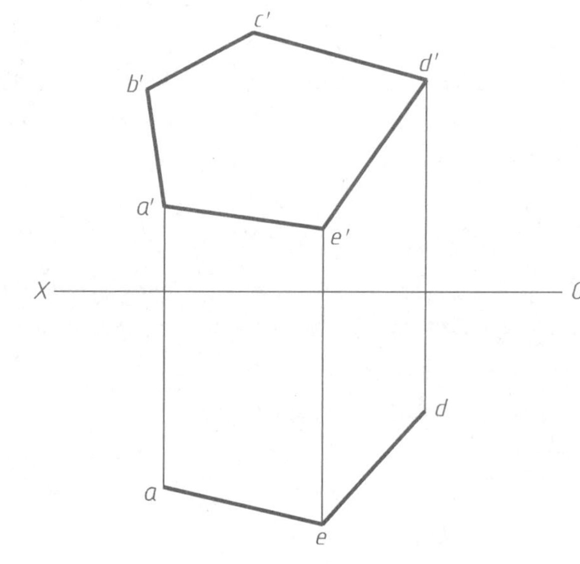

## 2-8 平面的投影（二）。

7. 平面四边形 *ABCD* 中，点 *A* 在 *V* 面内，且距 *H* 面为 30mm，完成四边形 *ABCD* 的投影图。

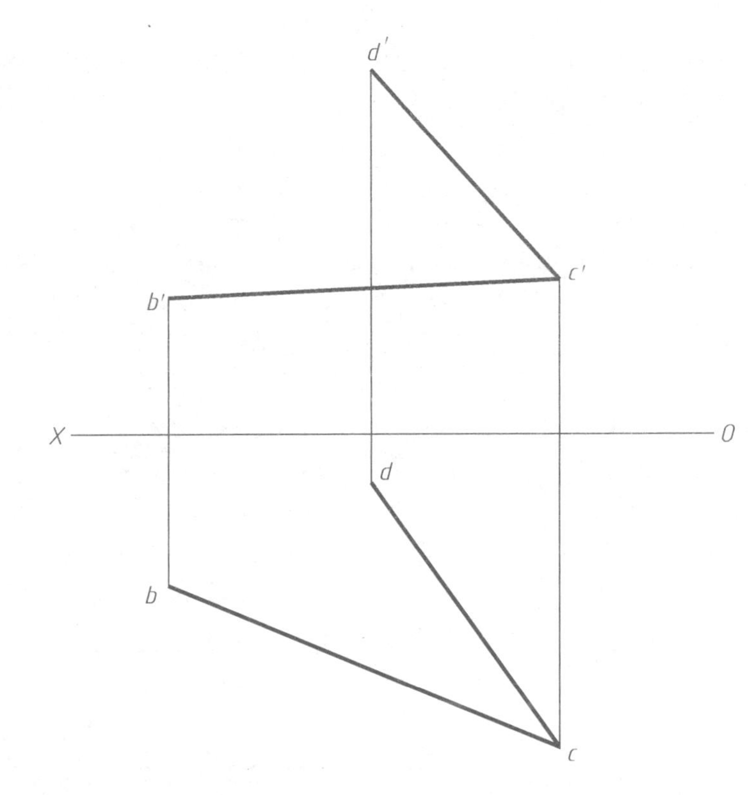


8. 已知平面四边形 *ABCD* 中，*CD* 边为水平线，完成其正面投影。

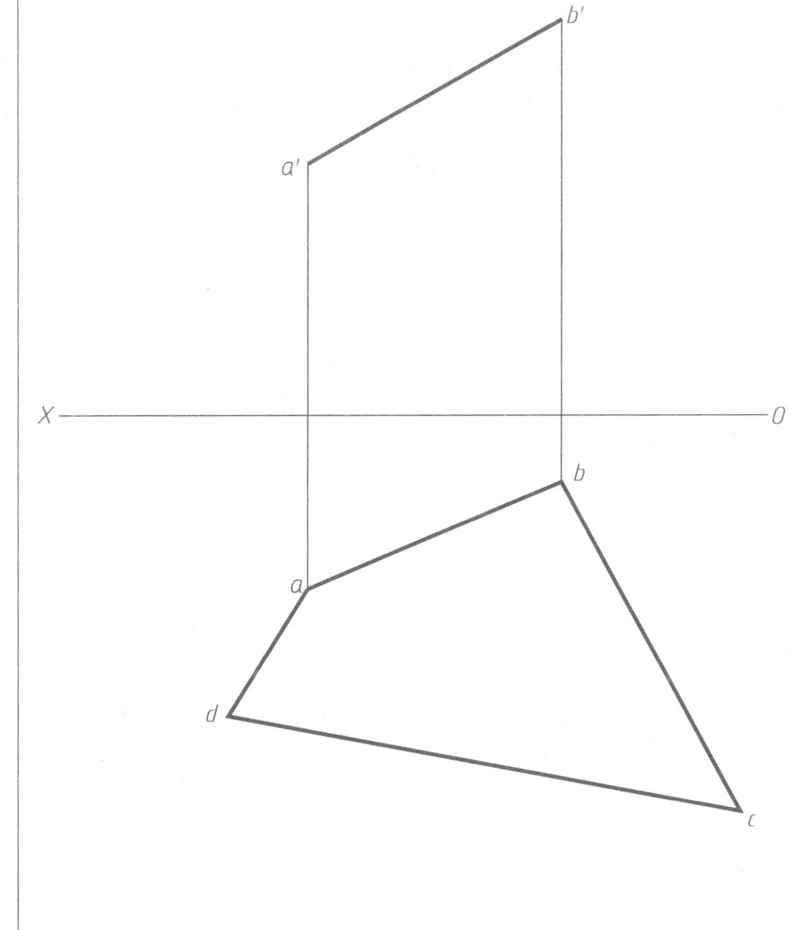


9. 已知△*ABC* 与两交错直线 *DE*、*FG* 平行，试完成△*ABC* 的正面投影。

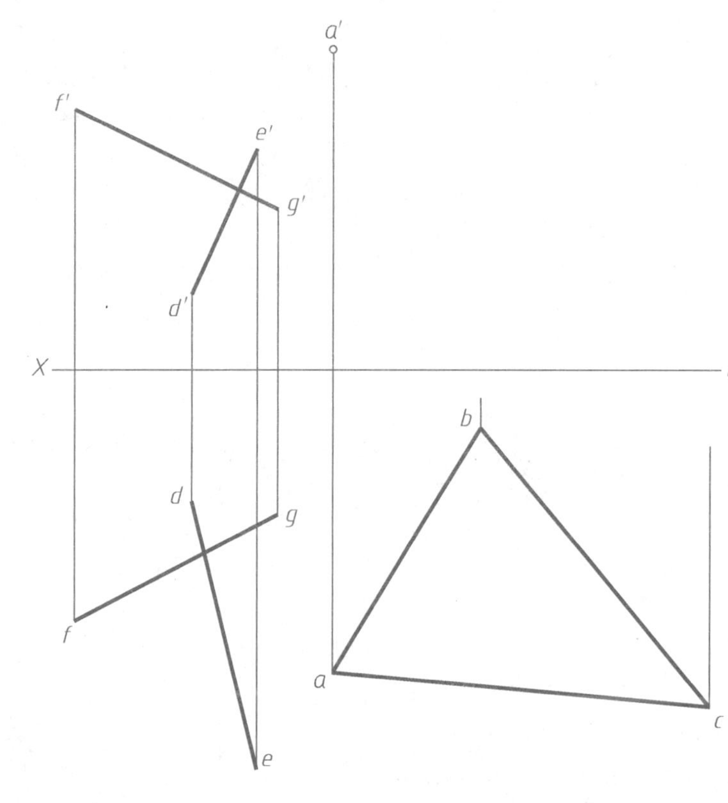

2-9 平面的投影（三）。

10. 已知平面 *ABC* 和平面 *DEFG* 平行，求平面 *DEFG* 的水平投影。

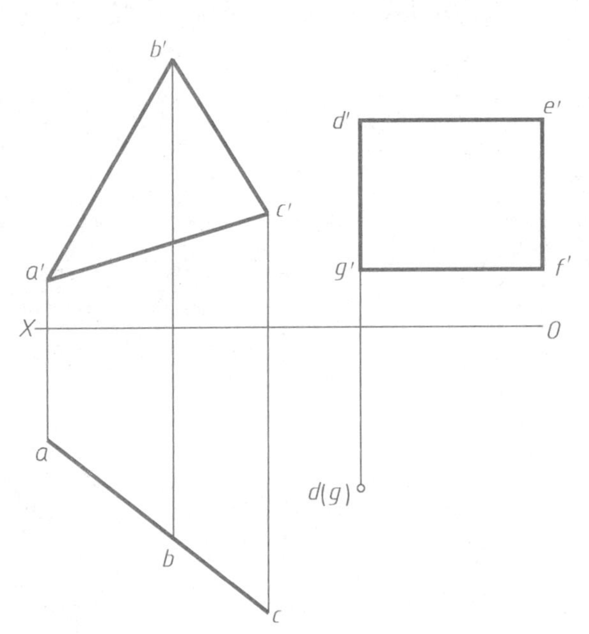


11. 过点 *A* 作一条长 20mm 的正平线与平面 *EFG* 平行。

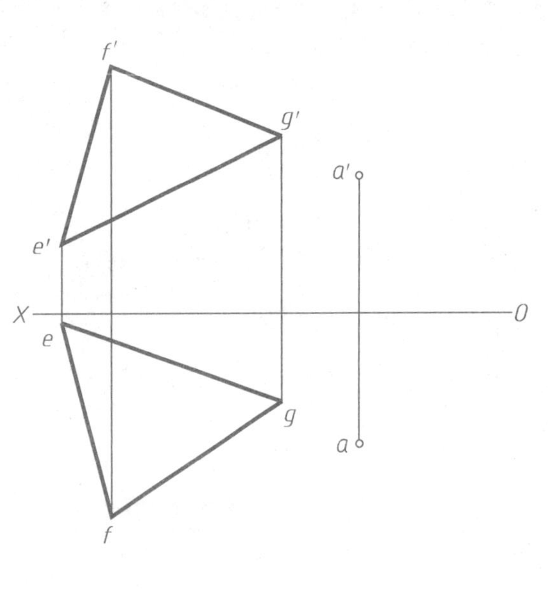


12. 求直线 *EF* 与平面 *ABC* 的交点，并补全直线 *EF* 的水平投影。

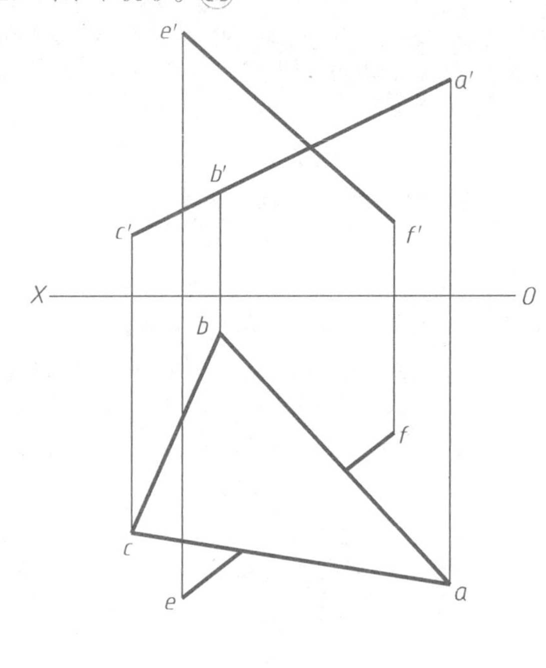


13. 求直线 *EF* 与平面 *ABCD* 的交点，并完成其正面投影。

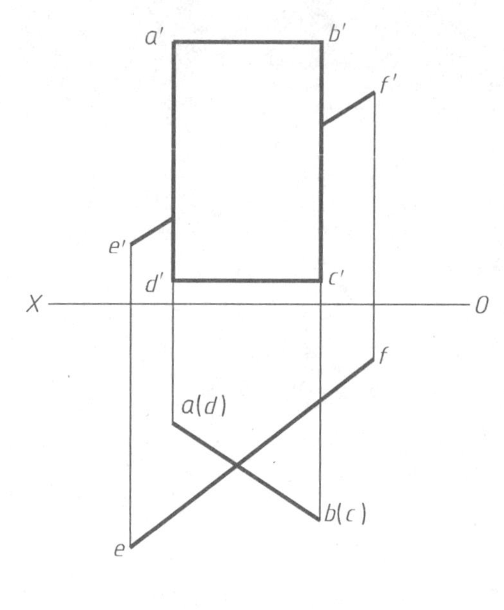


14. 已知两平面 *ABC* 与 *EFGH* 相交，求两平面的交线并完成其水平投影（不可见图线用细虚线表示）。

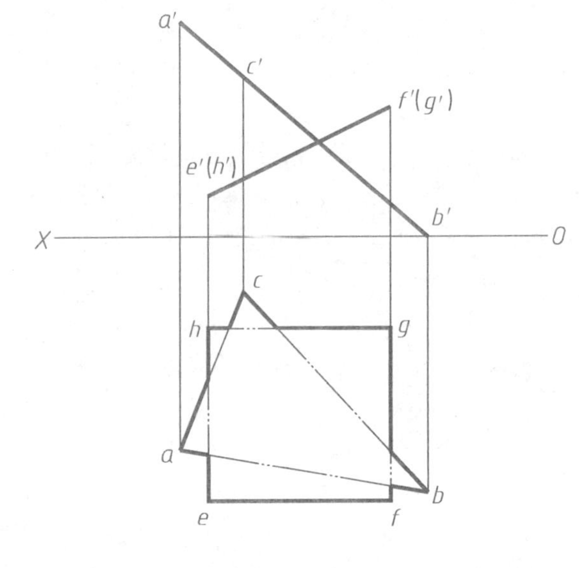


15. 求平面 *ABC* 与平面 *EFGH* 的交线，并完成其 *V* 面的投影。

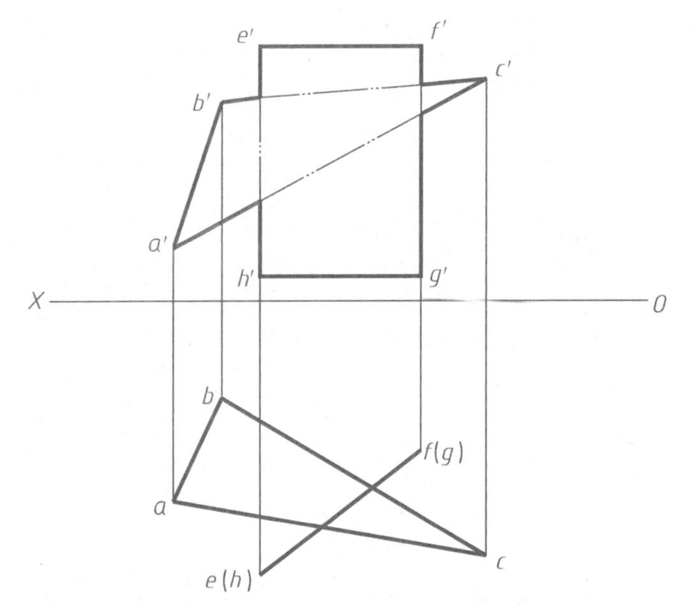


16. 过点 *A* 在平面 *ABC* 上作一直线与直线 *AD* 垂直。

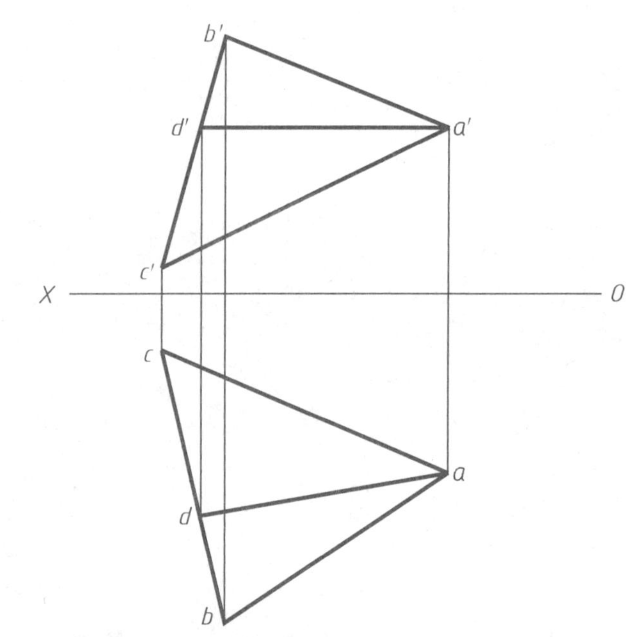

## 2-10 平面的投影（四）。

17. 已知直角三角形一直角边 *AB* 平行于 *V* 面，斜边 *AC*=50mm，且与 *H* 面的倾角为60°，试完成其投影。

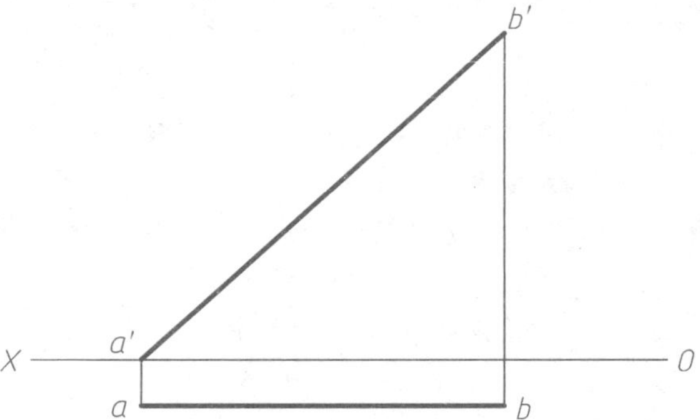


18. 已知棱形 *ABCD* 部分投影，试完成水平投影。

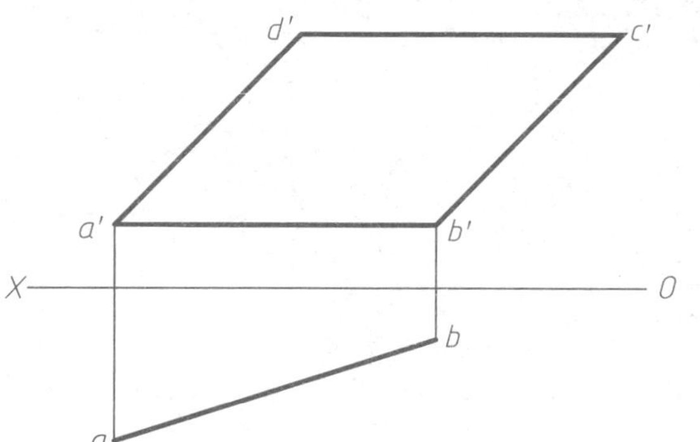


19. 求平面 *ABCD* 上三角形 *EFG* 的正面投影。

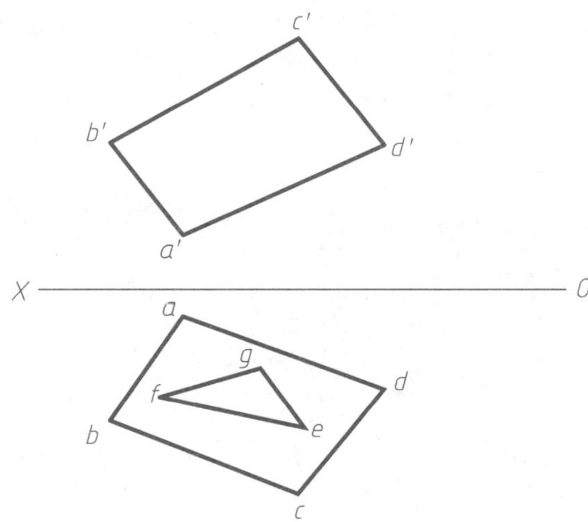


20. 求平面 *ABCD* 与直线 *EF* 的交点，并完成其投影。

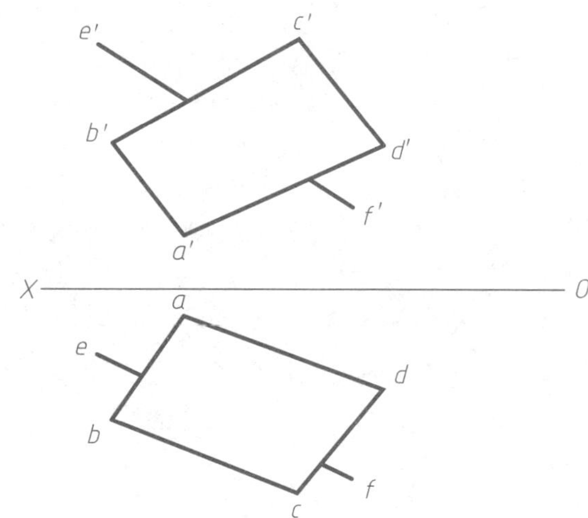

班级：　　　　姓名：　　　　学号：

## 2-11 平面的投影（五）。

21. 判断下列两直线是否垂直。

（1）

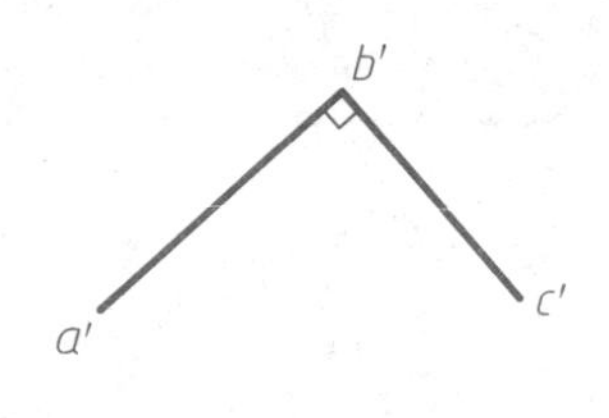


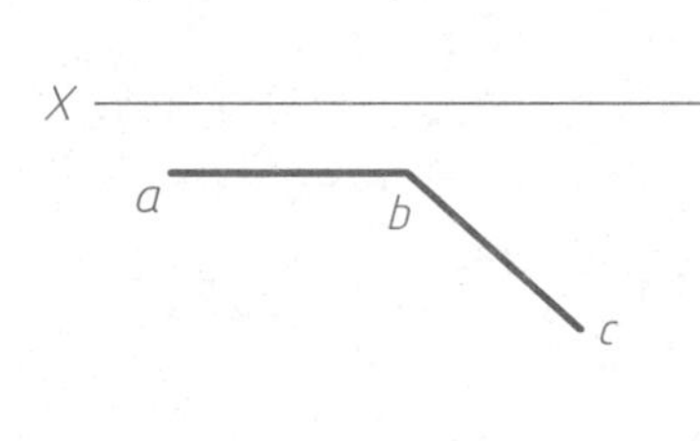


（　　）

（2）

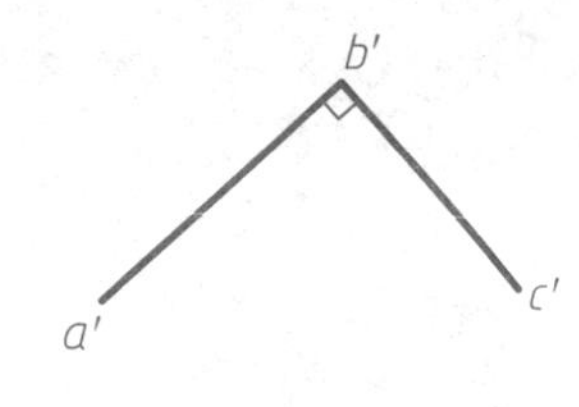


X　O

a　b　c

（　　）

（3）

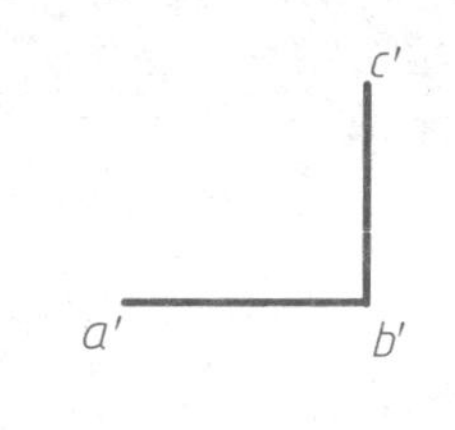


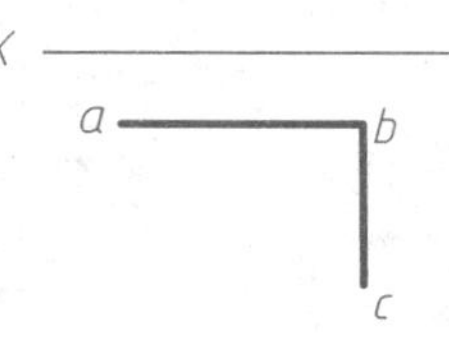


（　　）

（4）

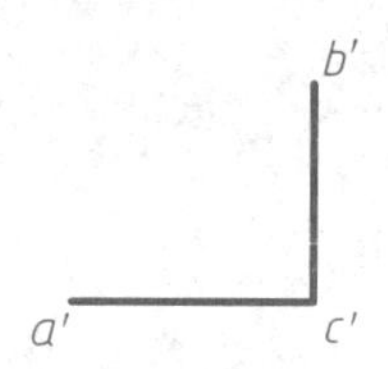


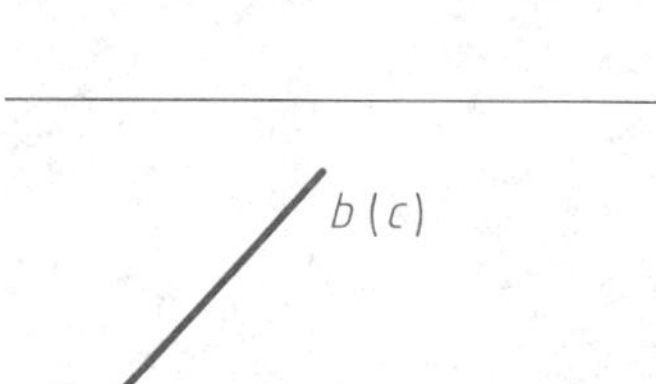


（　　）

22. 作图判断两已知平面是否垂直。

（1）

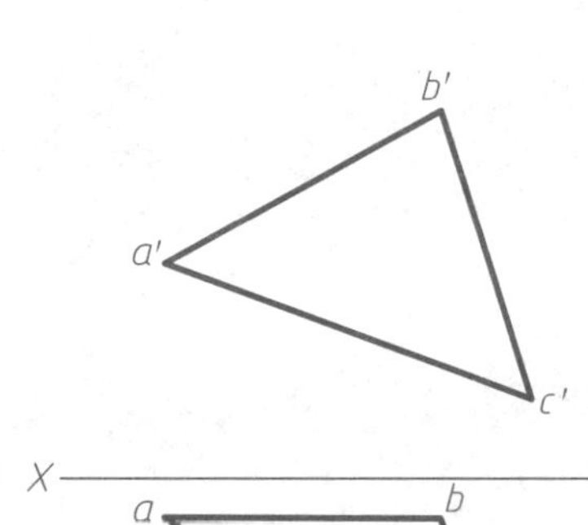


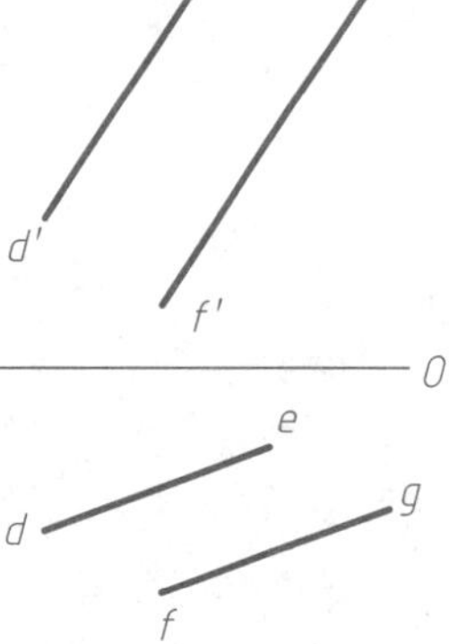


（　　）

（2）

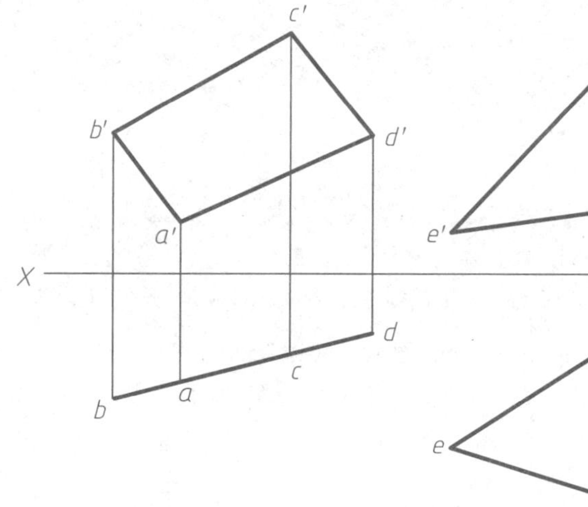


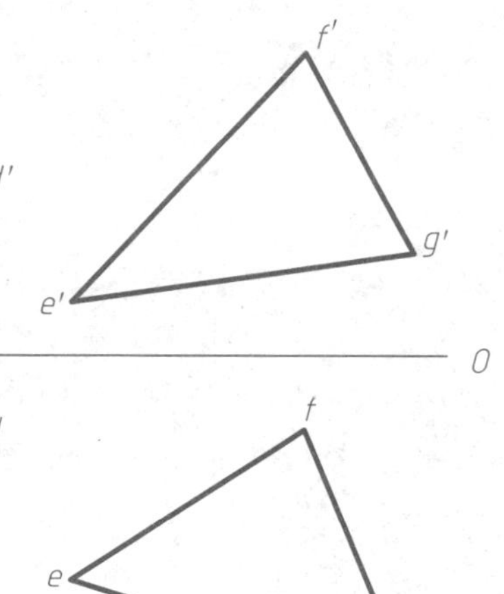


（　　）

## 2-12　换面法。

1. 求点 *A* 的新投影。

（1）

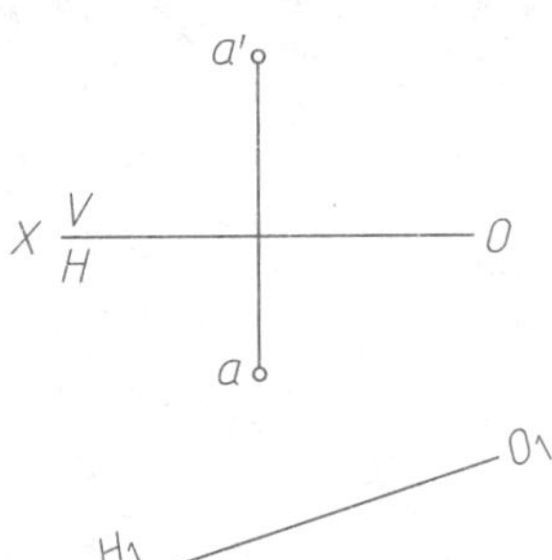


（2）

2. 求直线 *AB*、*CD* 的实长，以及直线 *AB* 与水平面的倾角和直线 *CD* 与正平面的倾角。

（1）

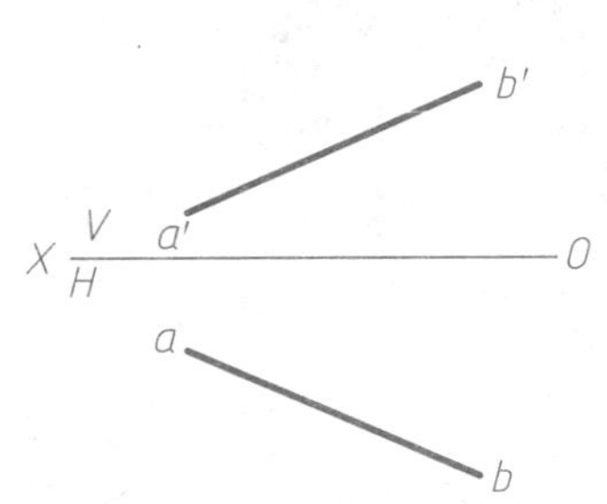


（2）

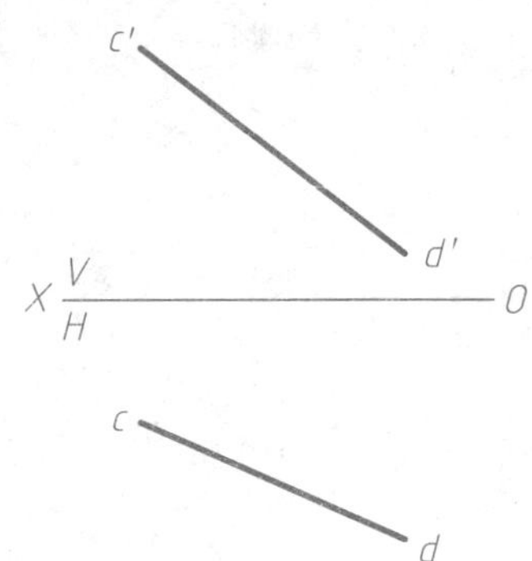


3. 求三角形 *ABC* 的实形。

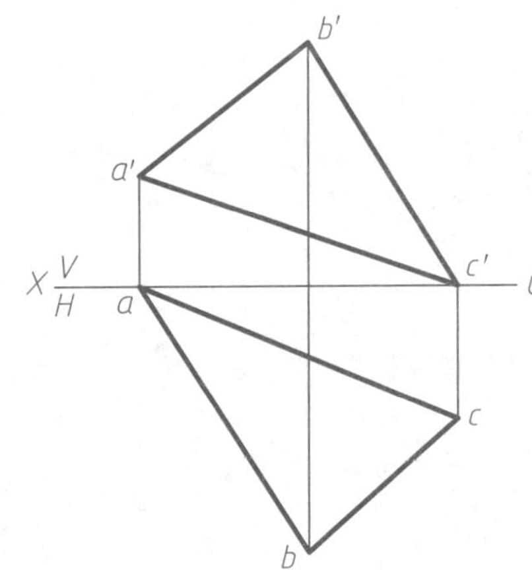


4. 求点 *K* 到三角形 *ABC* 的距离。

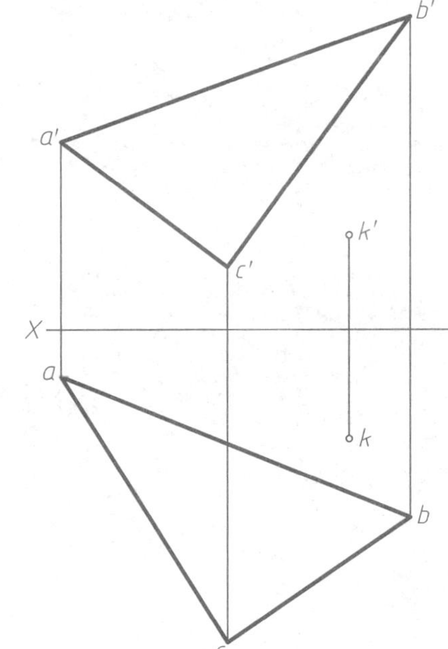

班级： 姓名： 学号：

## 3-1 平面立体的投影。

1. 补画三棱柱的 *W* 面投影及表面上点的其他投影。

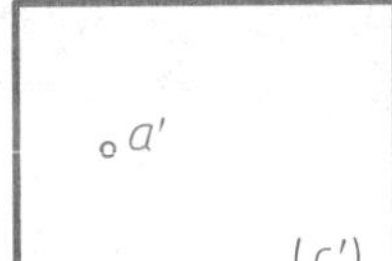

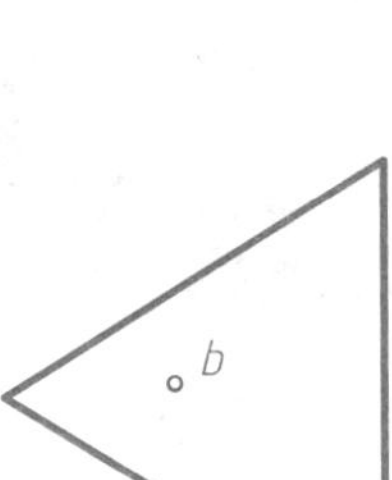


2. 补画五棱柱的 *H* 面投影及表面上点的其他投影。

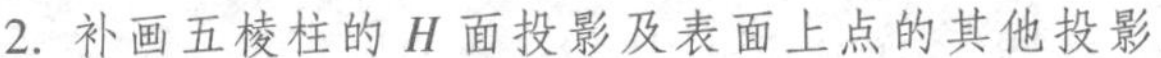
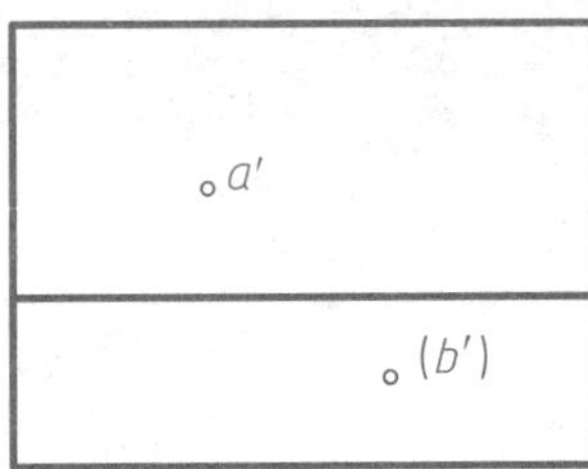

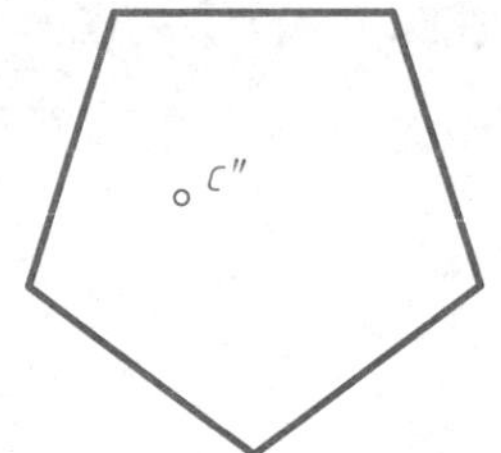


3. 补画三棱锥的 *W* 面投影及表面上点的其他投影。

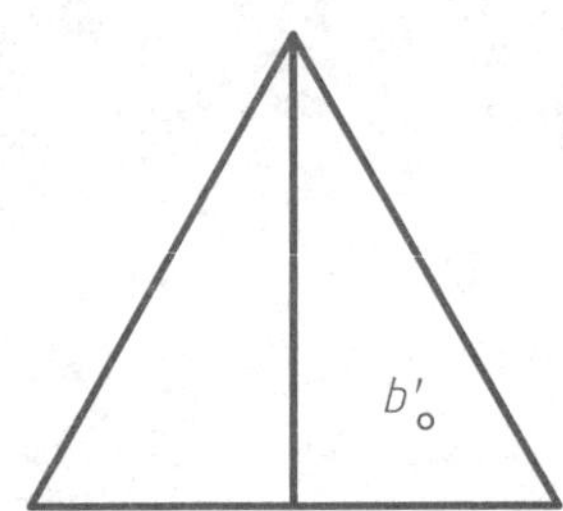

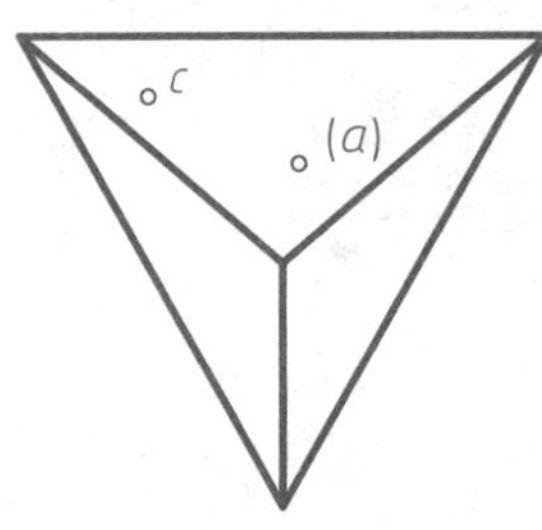


4. 补画立体的 *H* 面投影。

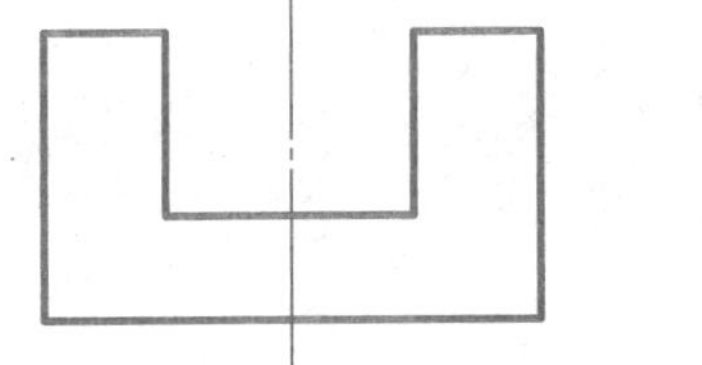
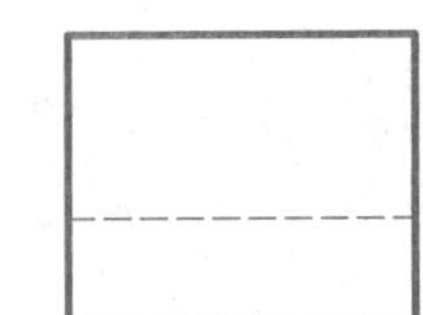
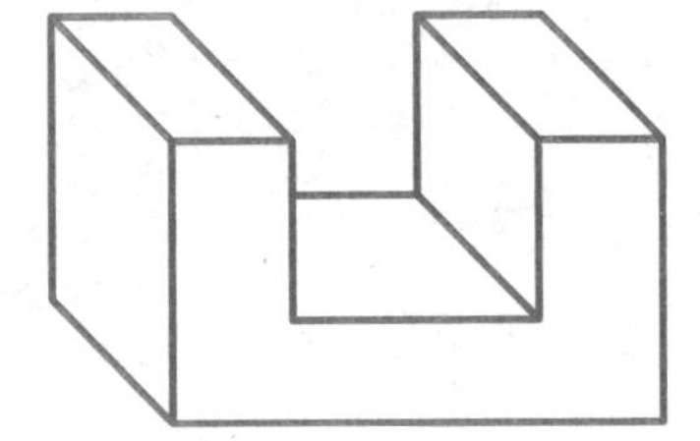

5. 补画立体的 *H* 面投影。

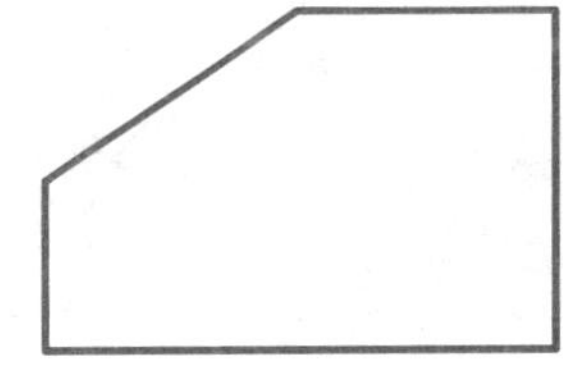
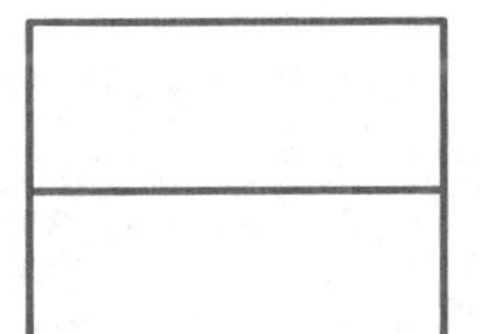
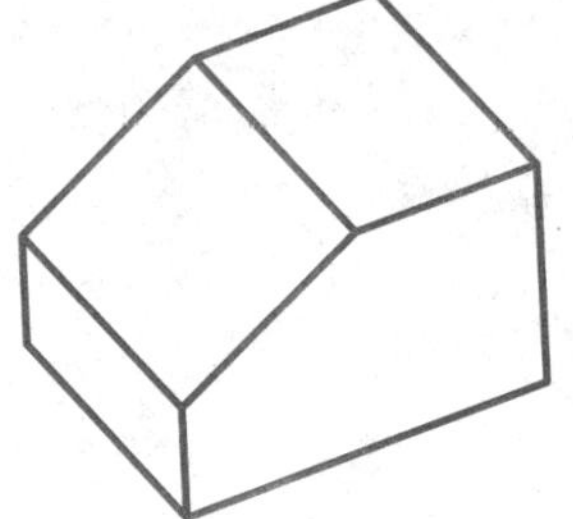

6. 补画三棱台的 *W* 面投影。

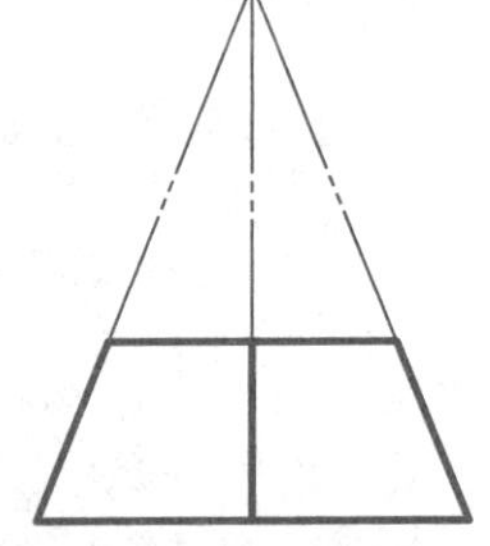
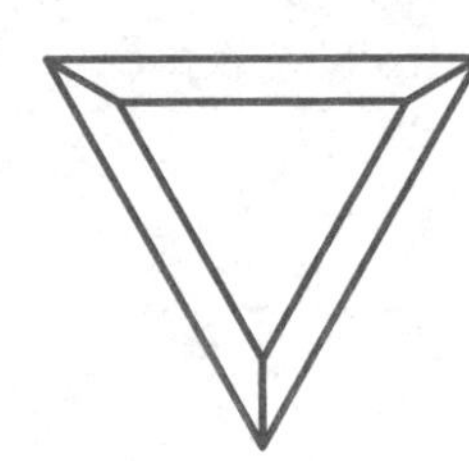
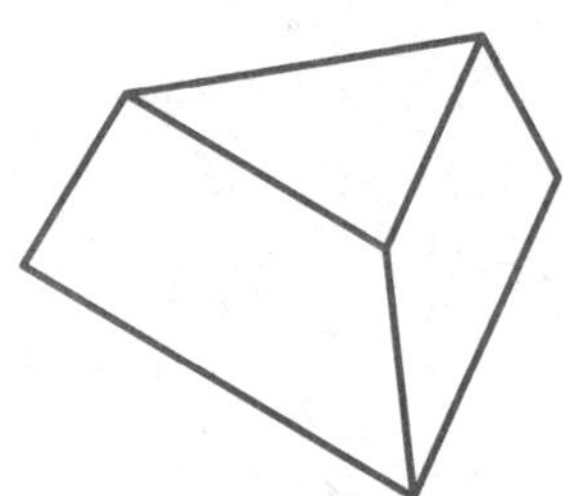

## 3-2 曲面立体的投影。

1. 求作圆柱的 *W* 面投影及表面上点的其他投影。

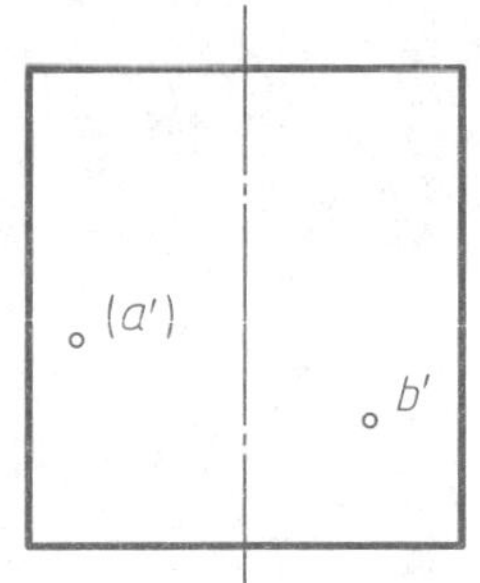


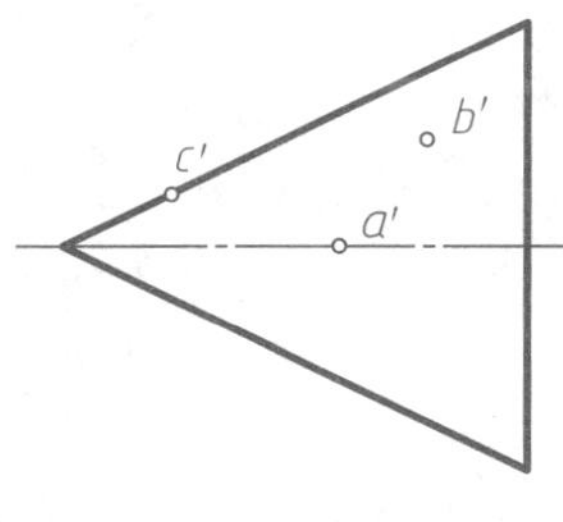


2. 求作圆柱筒的 *H* 面投影及表面上点的其他投影。

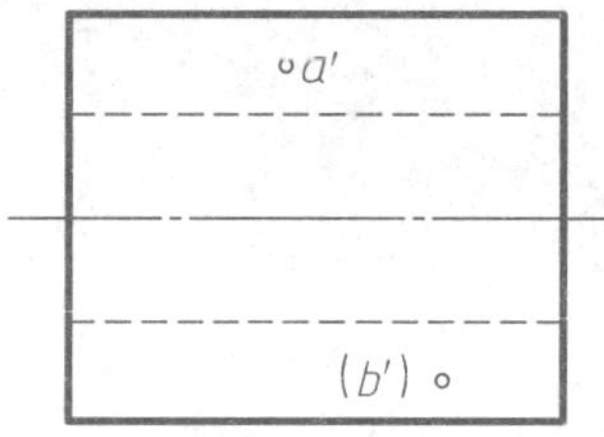


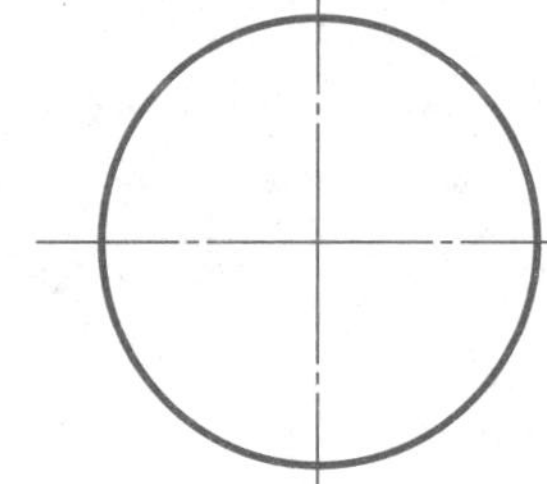


3. 求作圆锥的 *W* 面投影及表面上点的其他投影。

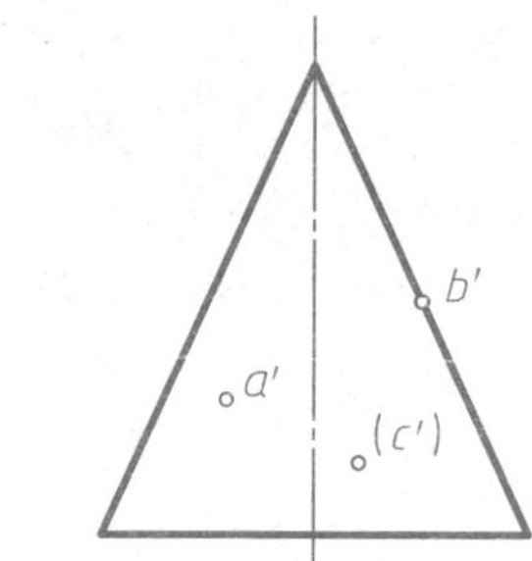


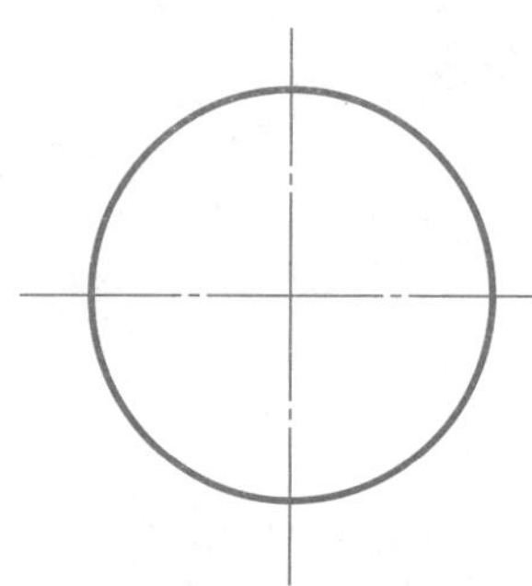

4. 求作圆锥的 *H* 面投影及表面上点的其他投影。

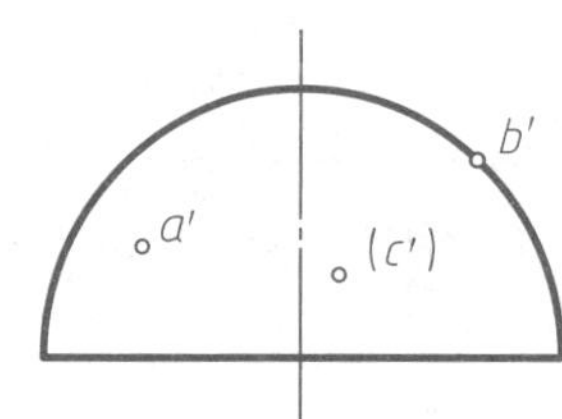


5. 求作半球的 *W* 面投影及表面上点的其他投影。

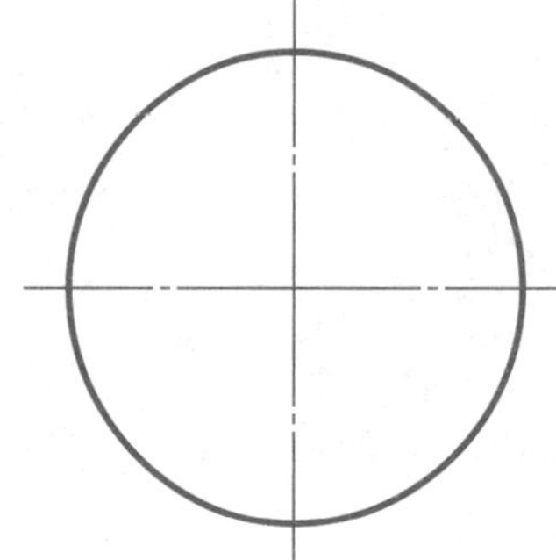


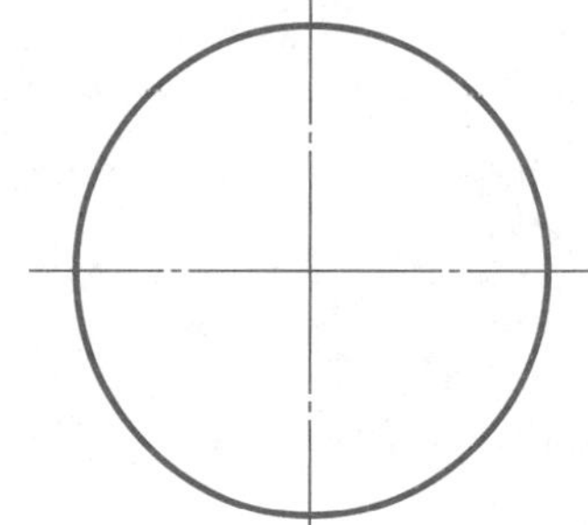

6. 求作截切球的 *H* 面投影。

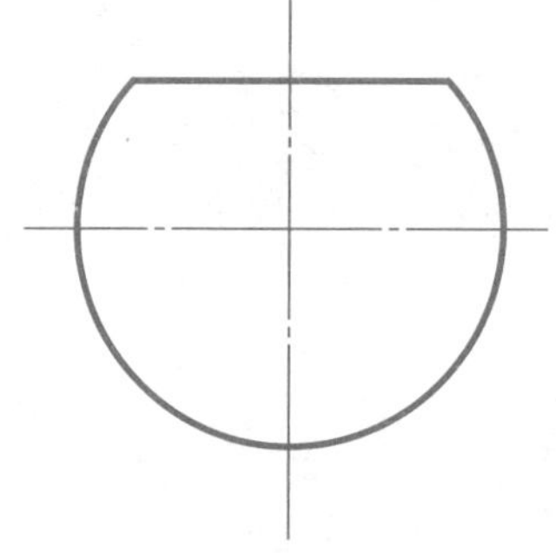

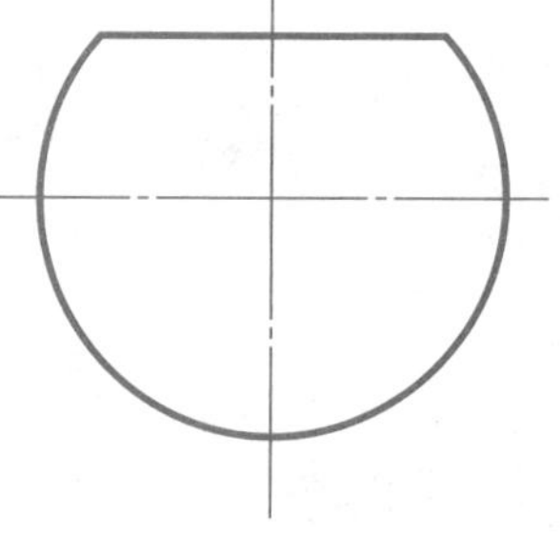

## 3-3　平面与平面立体表面相交。

1. 求五棱柱被正垂面截切后的 *W* 面投影。

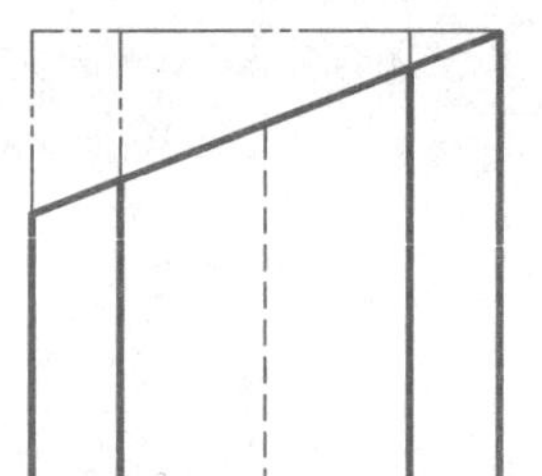
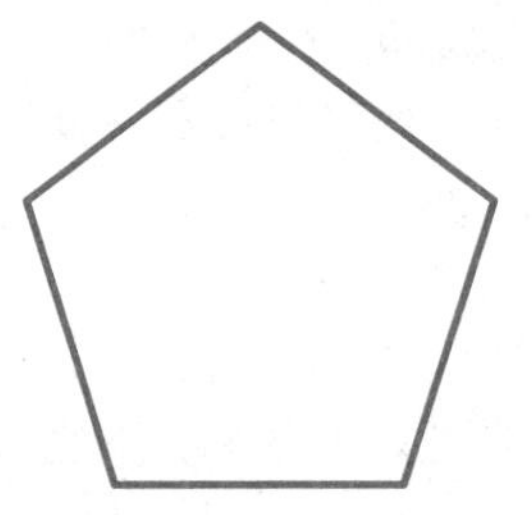

2. 求作立体的 *H* 面投影。

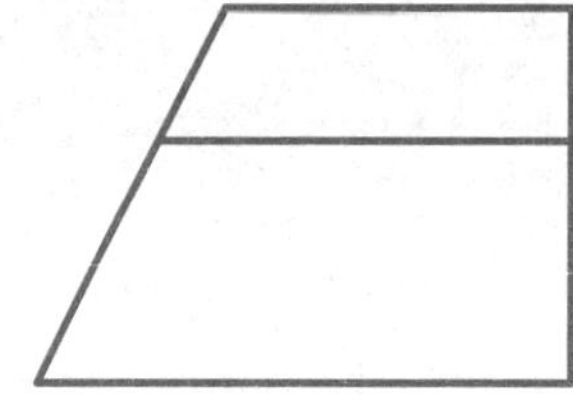
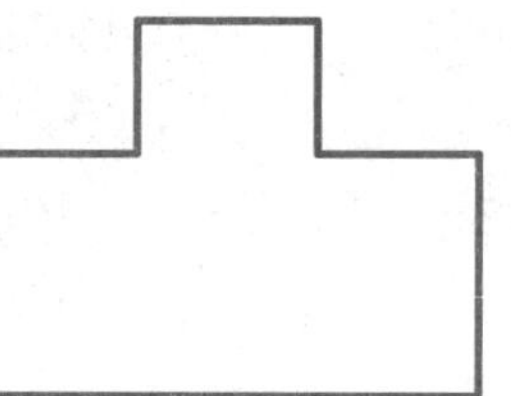
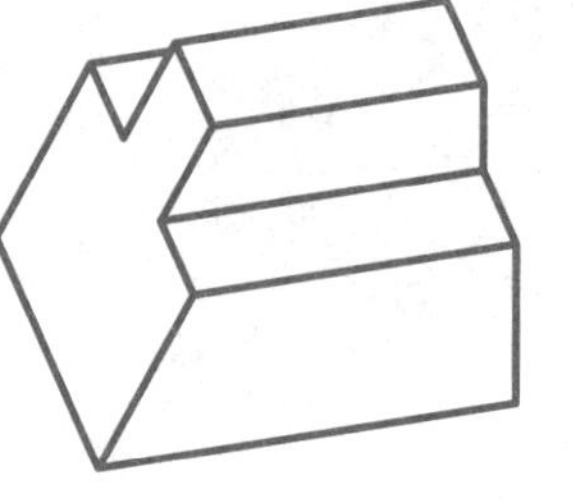

3. 补全四棱锥被截切后的 *H*、*W* 面投影。

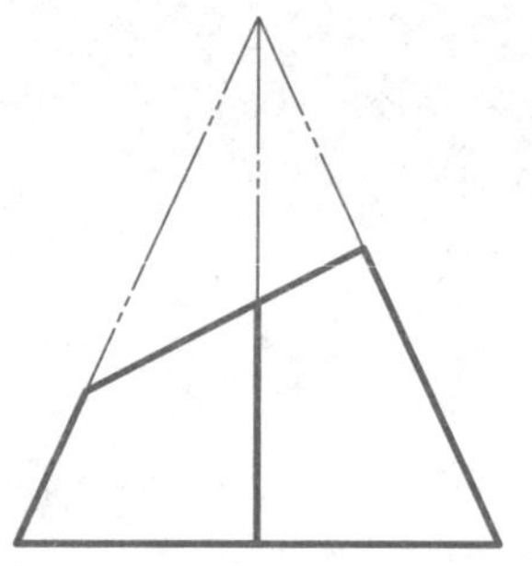
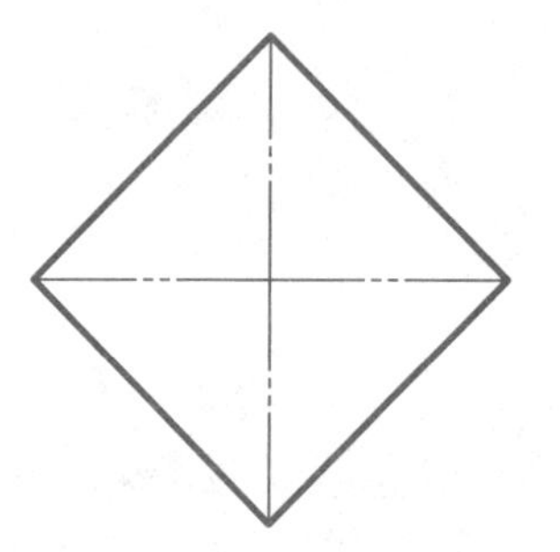
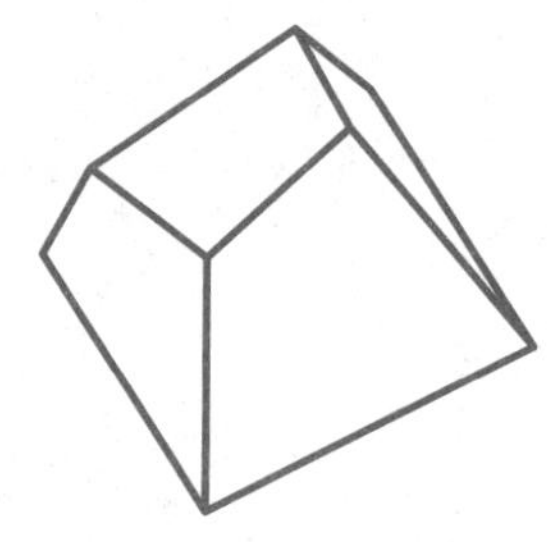

4. 补全三棱锥被截切后的 *H*、*W* 面投影。

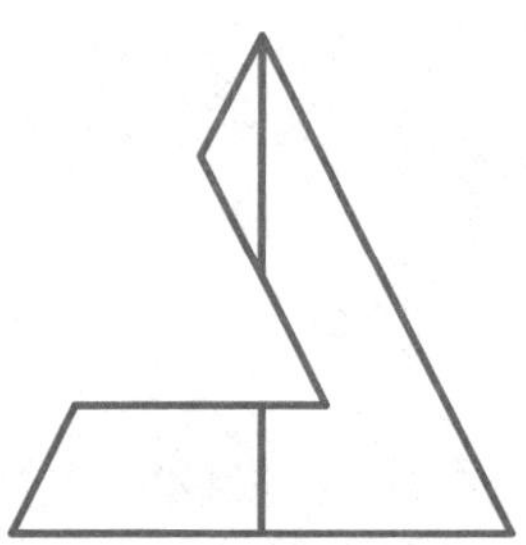
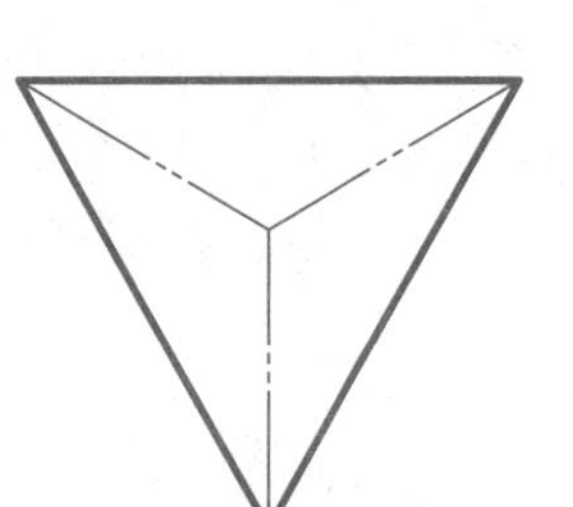
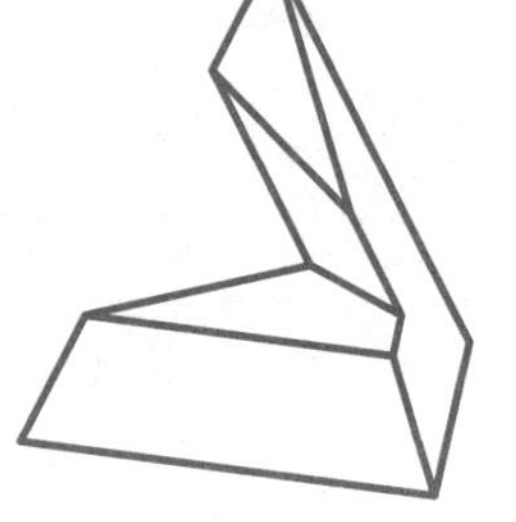

5. 求作立体的 *W* 面投影。

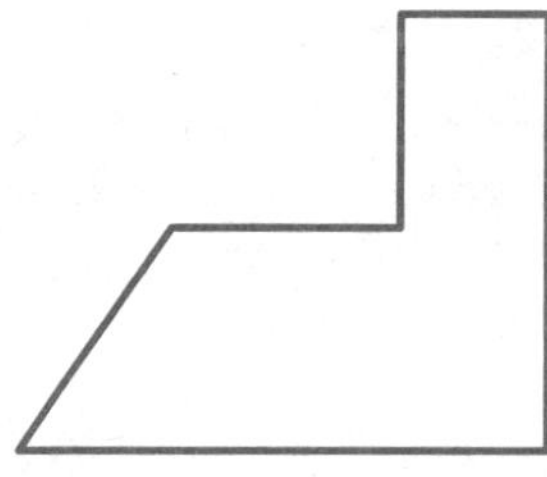
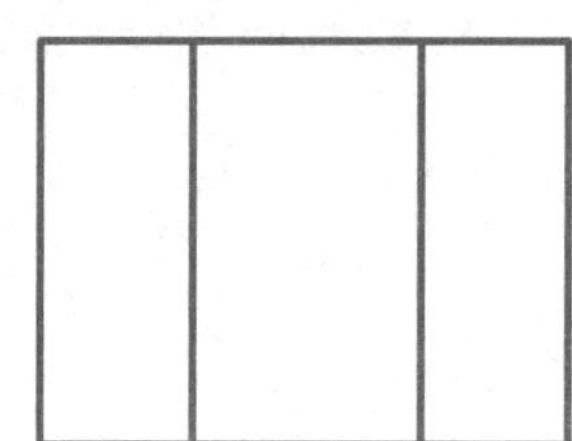
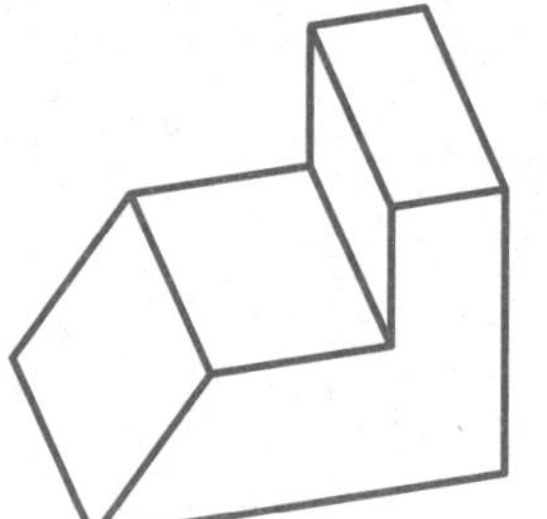

6. 求作立体的 *H* 面投影。

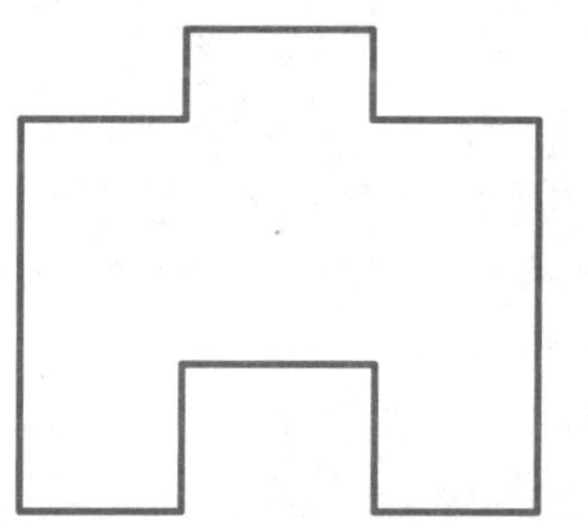
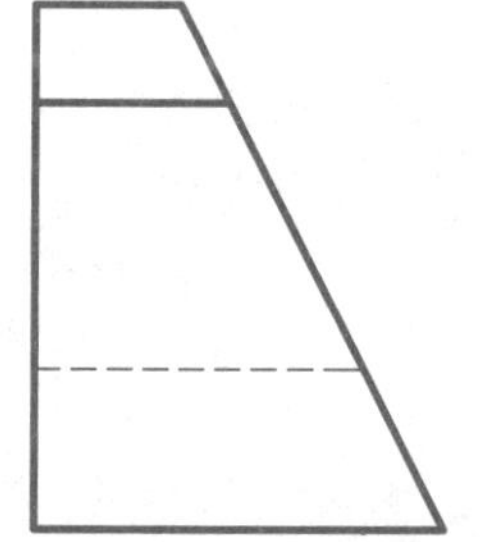
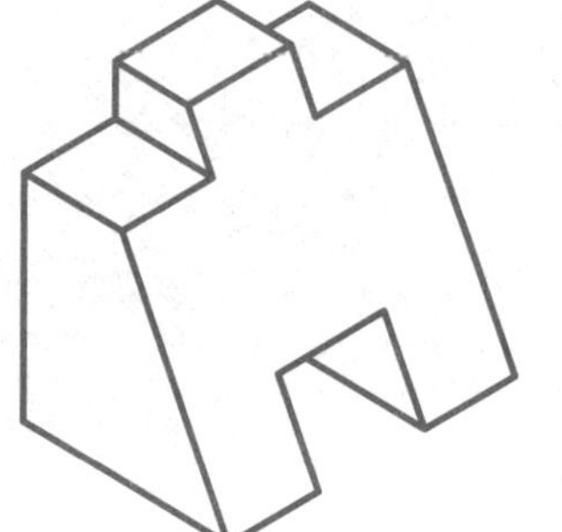

## 3-4 平面与回转体表面相交（一）。

1. 求作截切圆柱的 $W$ 面投影。

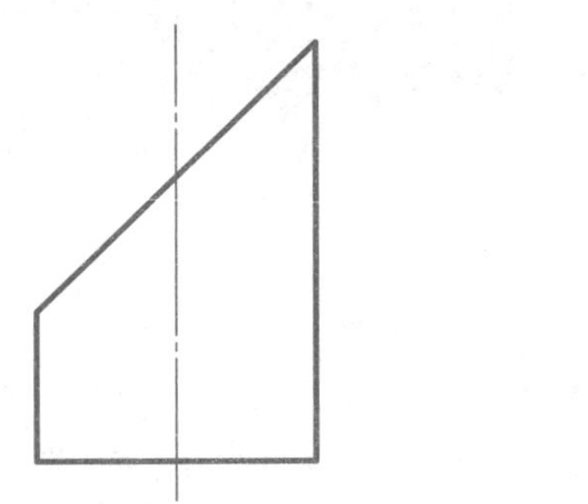

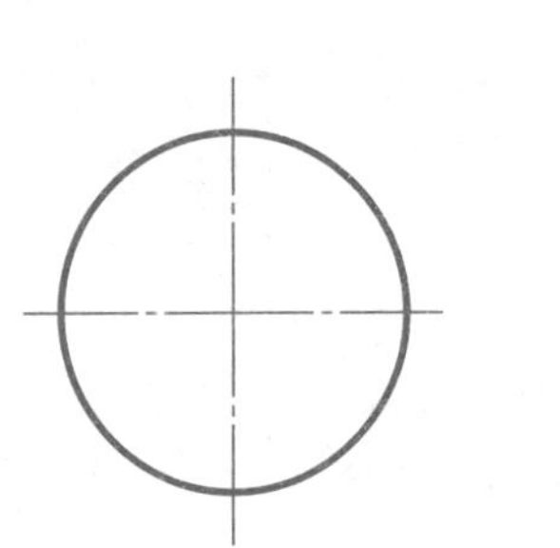

2. 补画截切圆柱的 $H$ 面投影，求作其 $W$ 面投影。

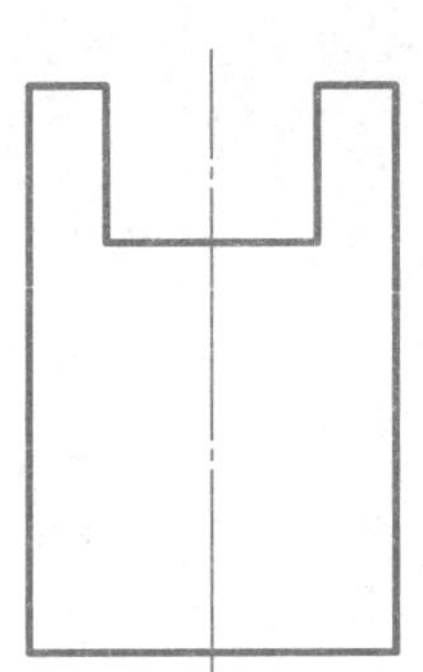

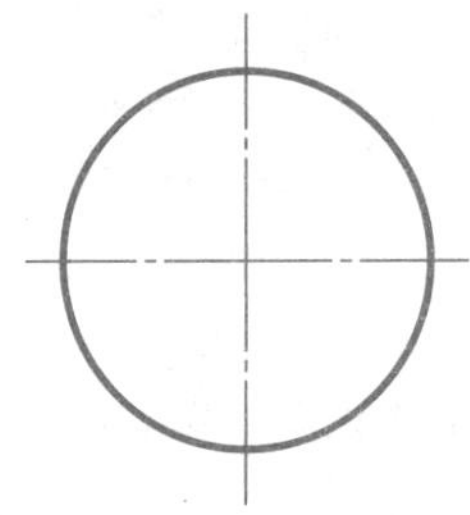

3. 求作截切圆柱的 $H$ 面投影。

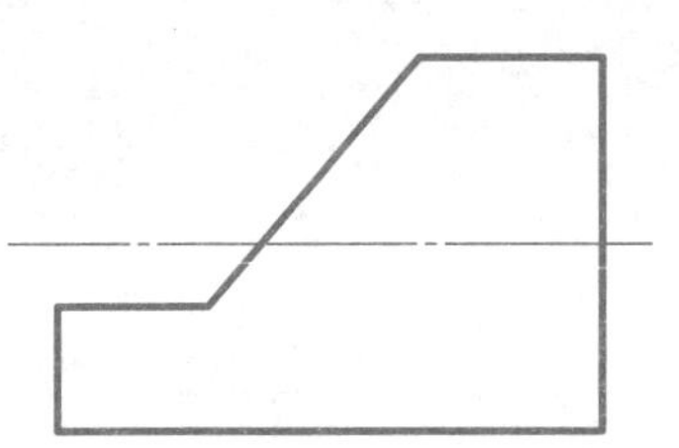

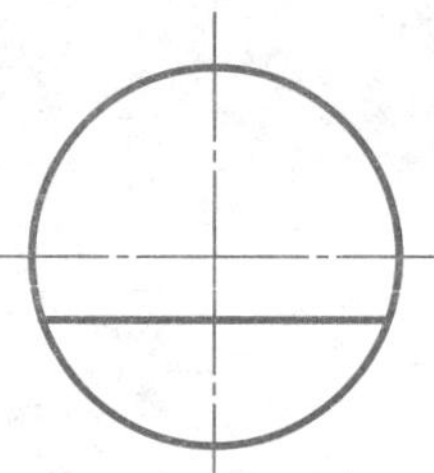

4. 求作立体的 $H$ 面投影。

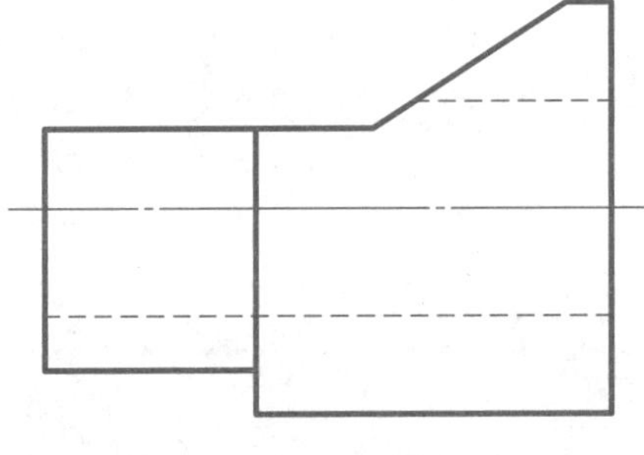

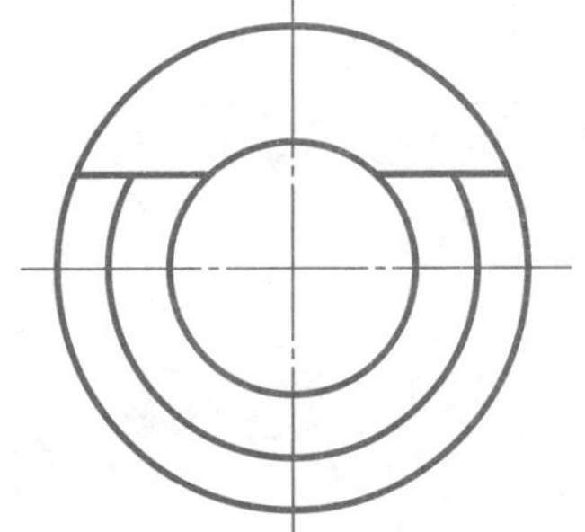

5. 补画截切圆锥的 $H$ 面投影，求作其 $W$ 面投影。

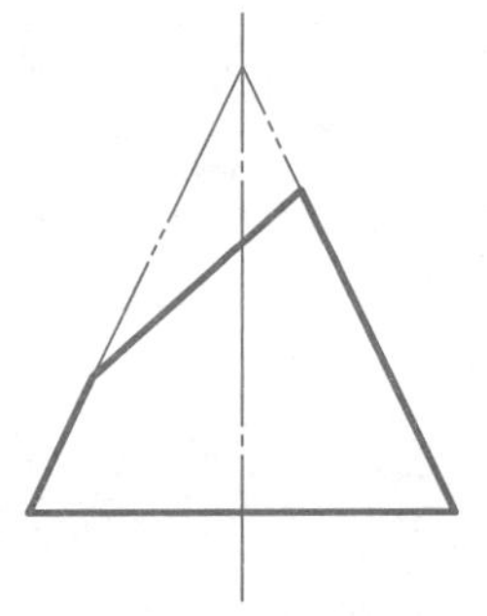

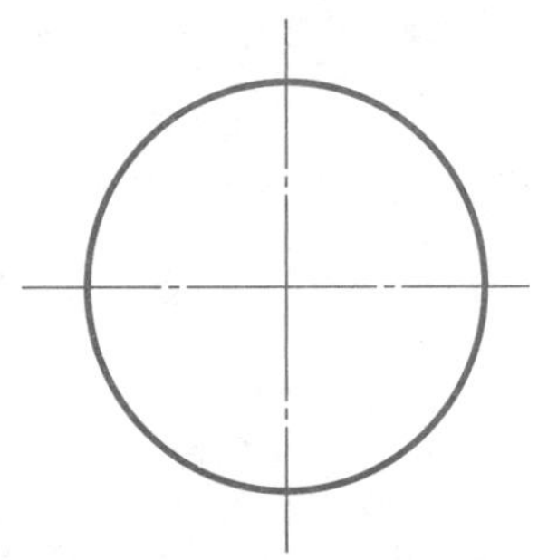

6. 求作截切圆锥的 $H$ 面投影。

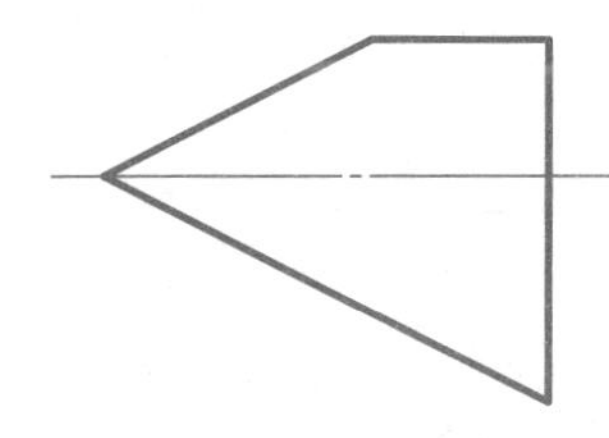

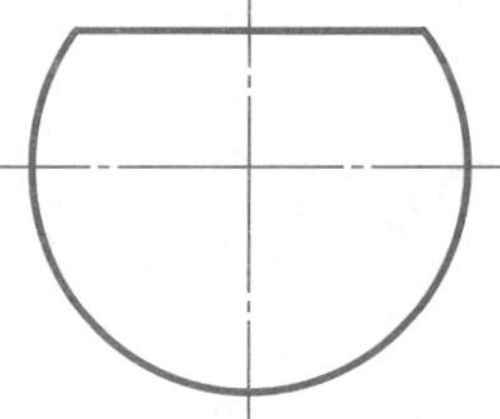

## 3-5 平面与回转体表面相交（二）。

7. 补画截切圆锥的 *H* 面投影，求作其 *W* 面投影。

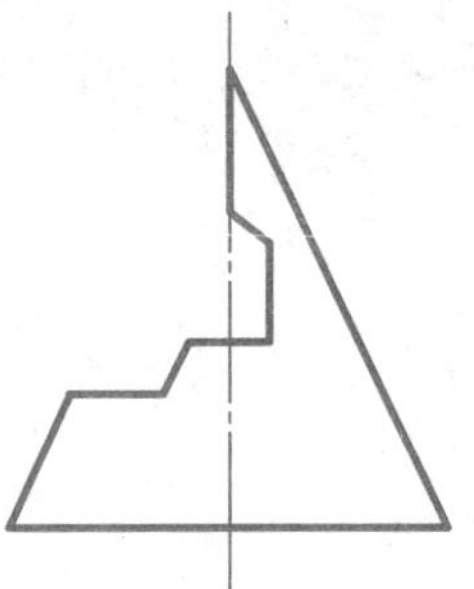
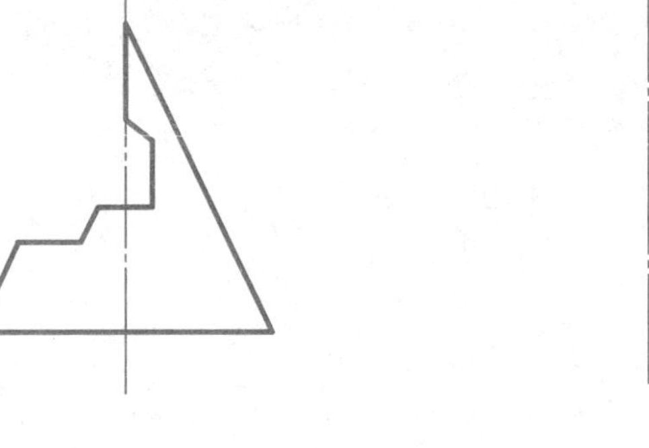
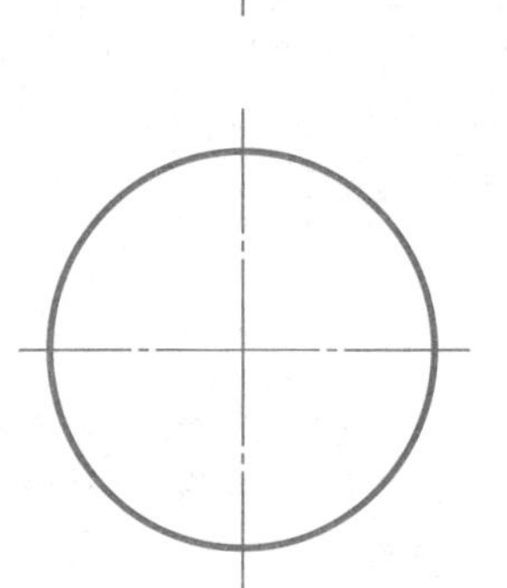

8. 求作截切球的 *V*、*H* 面投影。

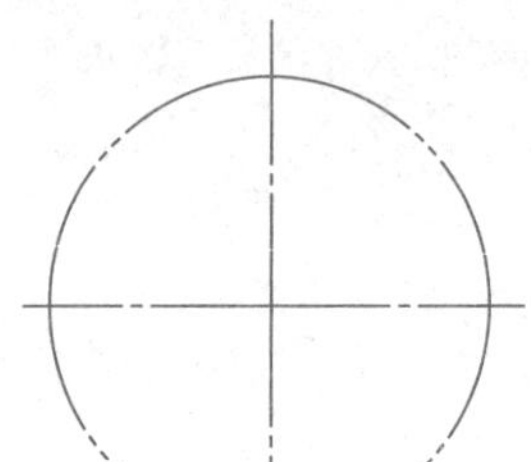
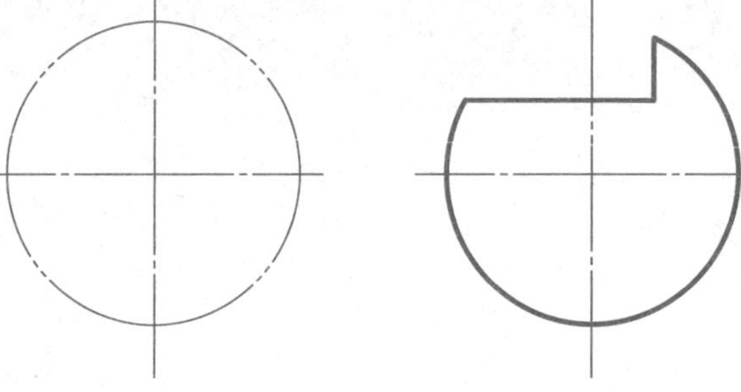
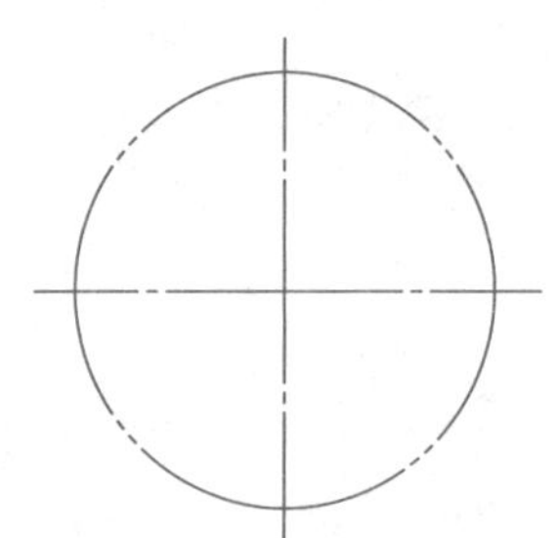

9. 求作截切半球的 *H*、*W* 面的投影。

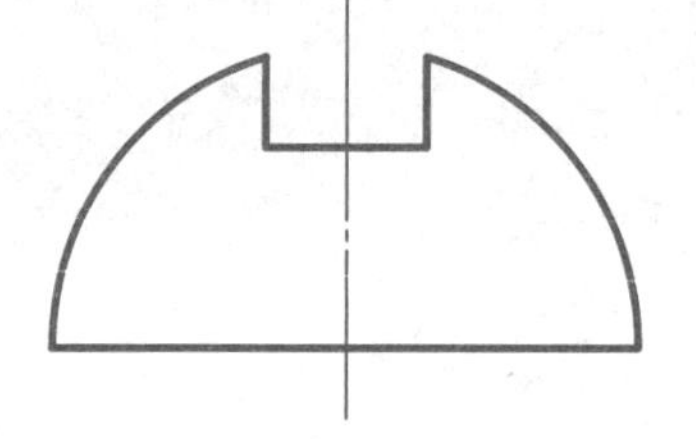
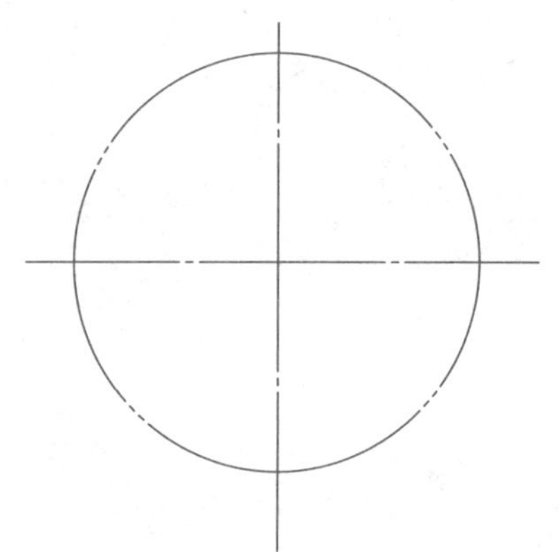

10. 求作穿孔圆柱体的 *W* 面投影。

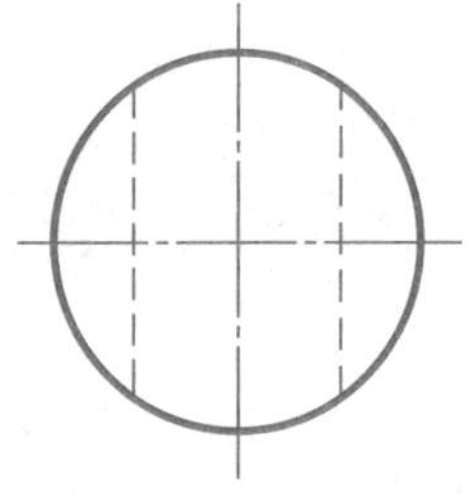
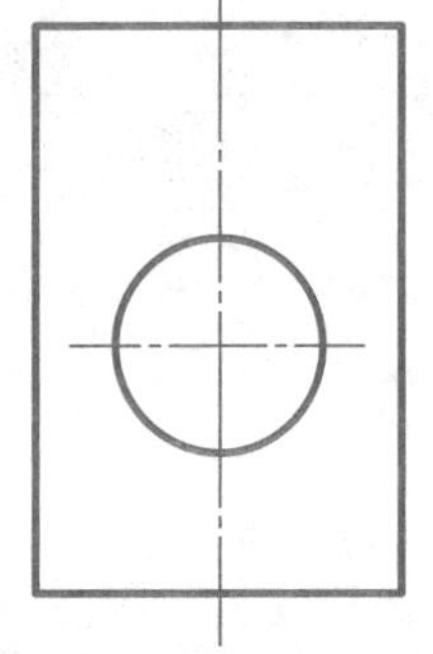

11. 求作截切体的 *H* 面投影。

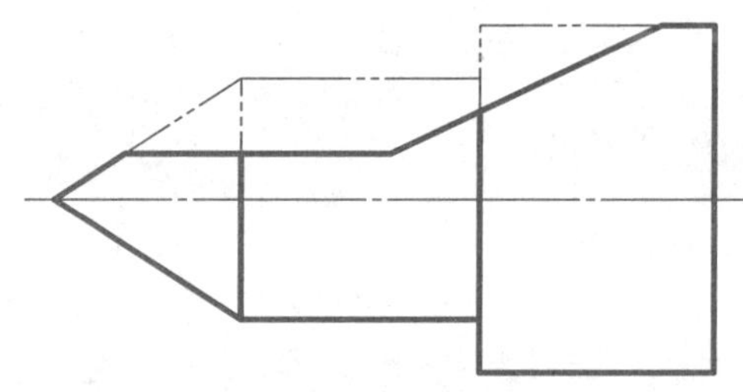
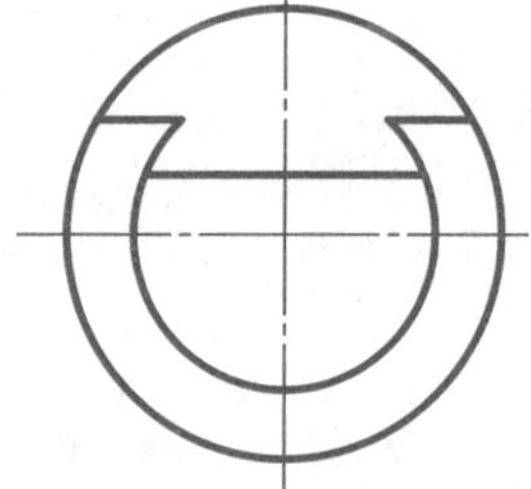

3-6　两回转体表面相交（一）。

1. 补画相交两圆柱体的 $V$ 面投影。

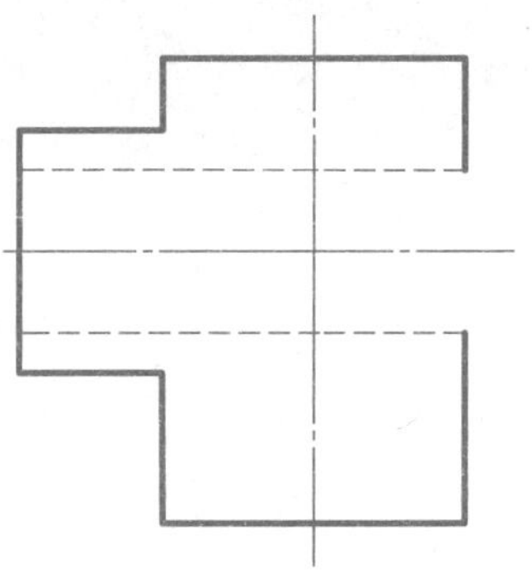

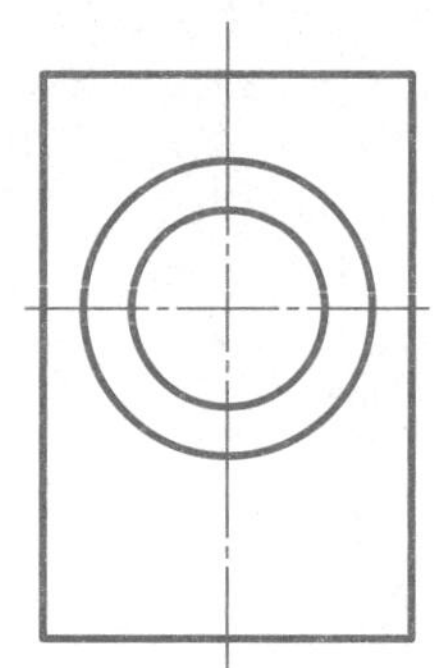

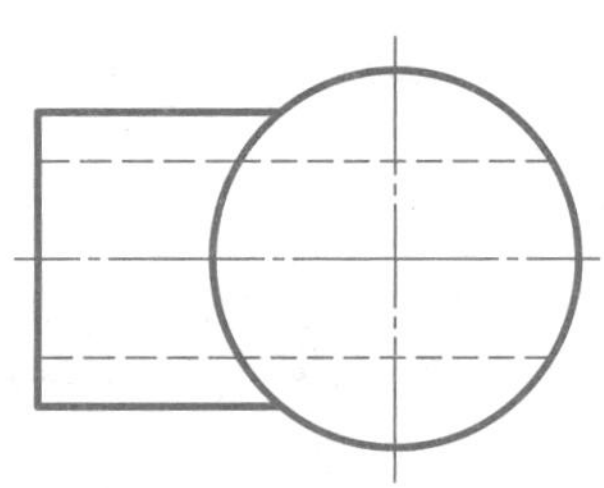

2. 求作立体的 $W$ 面投影。

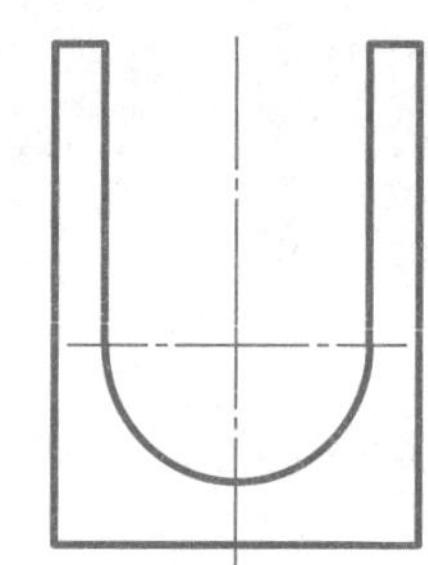

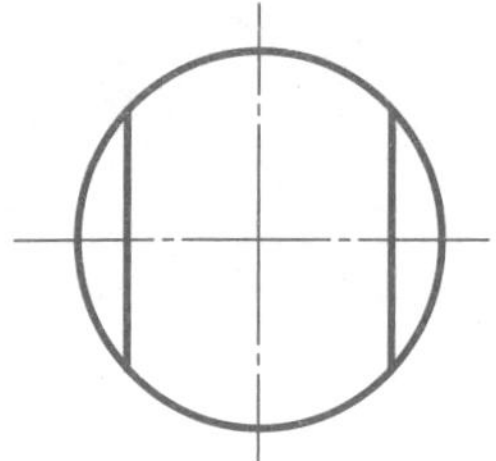

3. 求作穿孔圆柱的 $W$ 面投影。

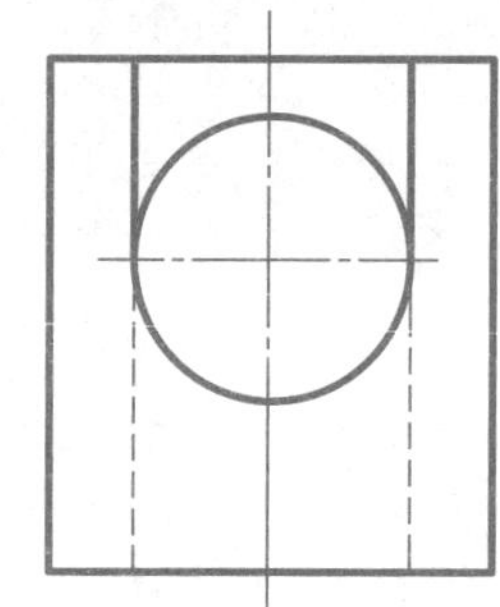

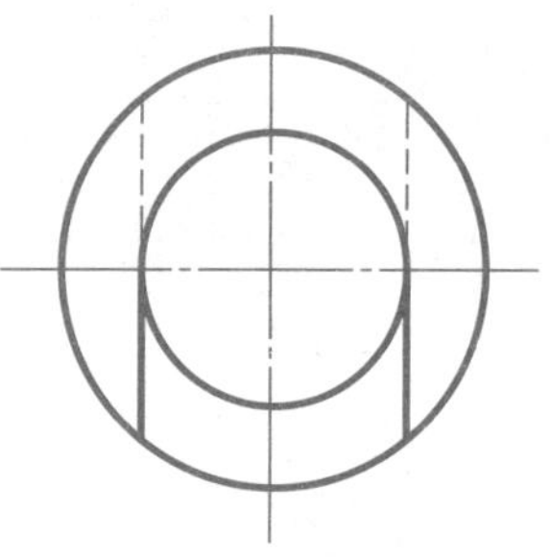

4. 半圆柱和圆台相交，补画其 $V$、$H$ 面投影。

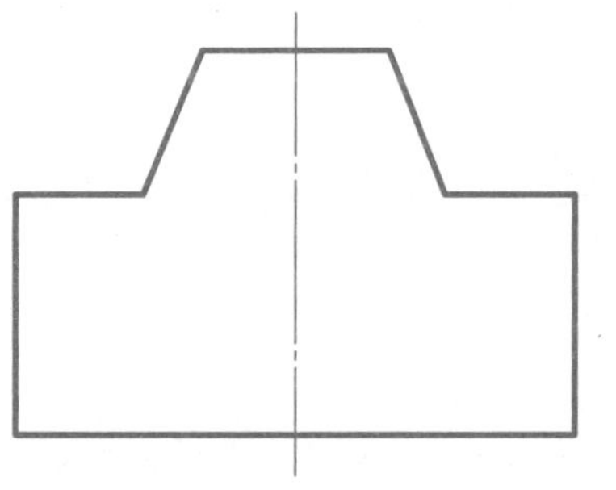

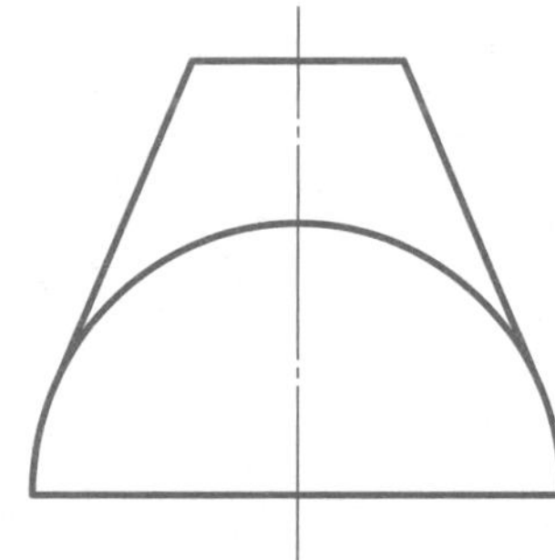

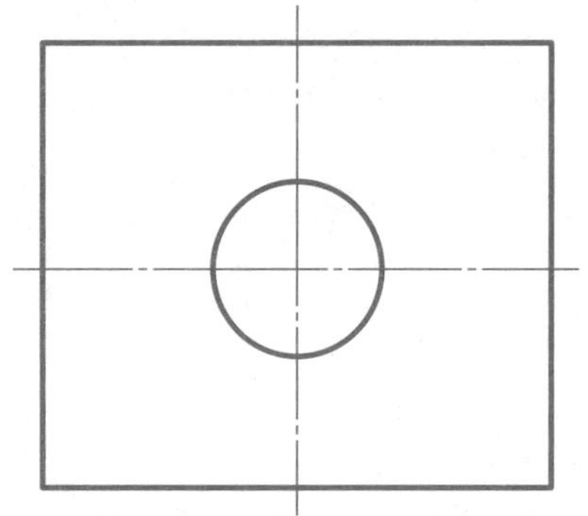

5. 求作圆柱与圆锥相交后的 $H$ 面投影。

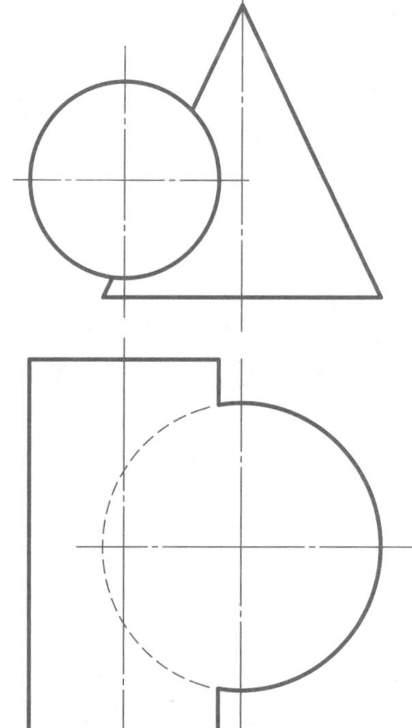

6. 求作圆柱与圆锥相交后的 $V$ 面投影。

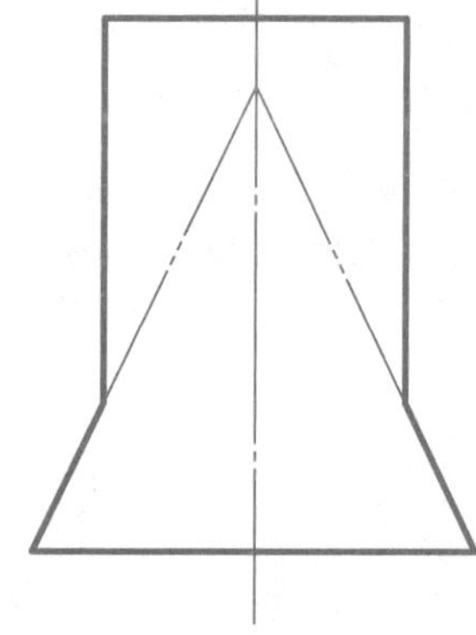

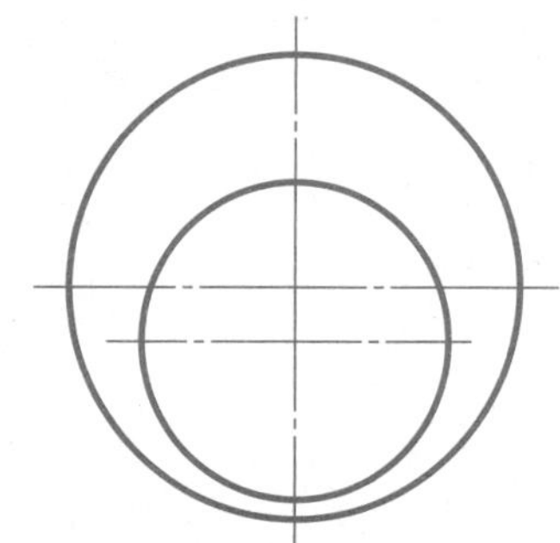

## 3-7　两回转体表面相交（二）。

7. 求作立体的 *H* 面投影。

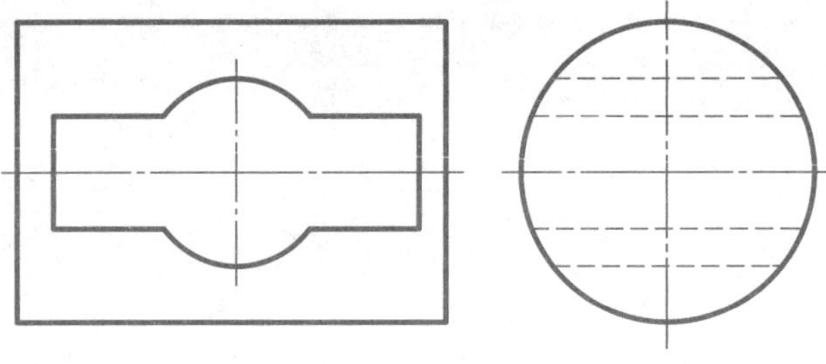

8. 完成两回转体相交的 *V*、*H* 面投影。

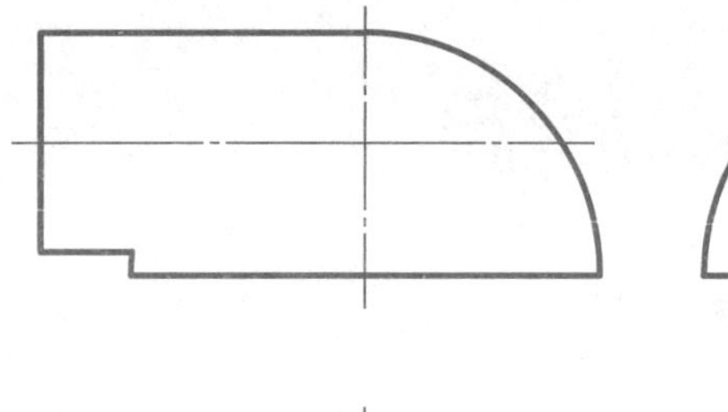
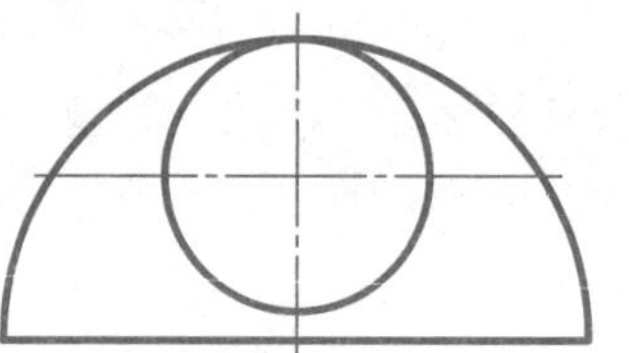
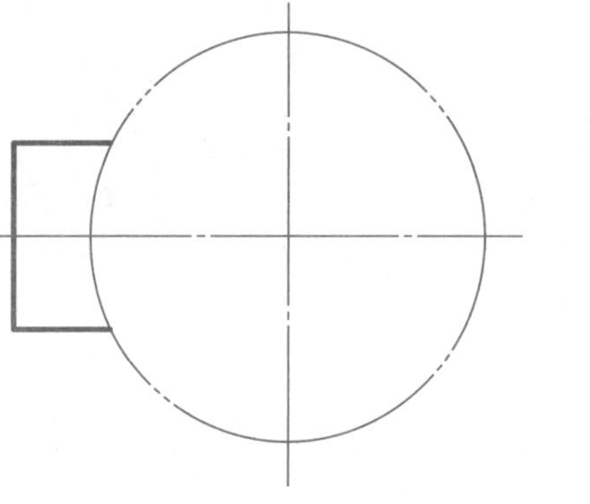

9. 补画 *H* 面投影中的漏线。

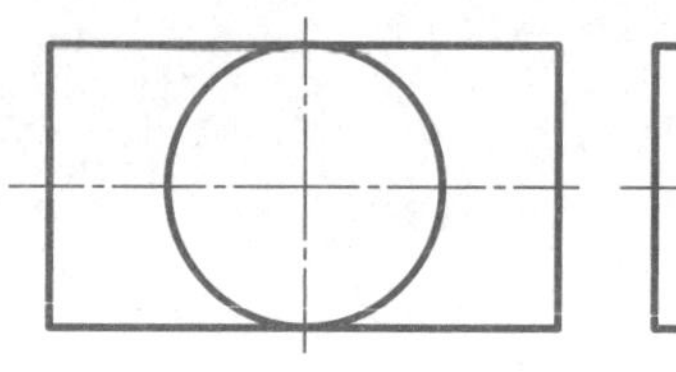
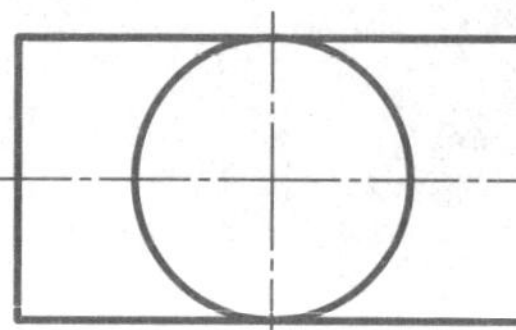
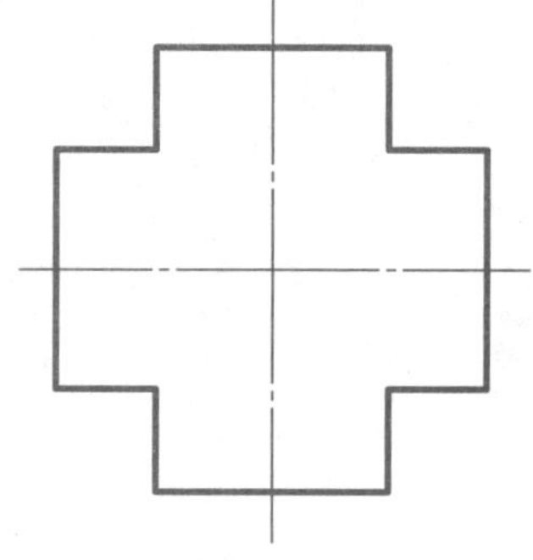

10. 补画 *V*、*H* 面投影中的漏线。

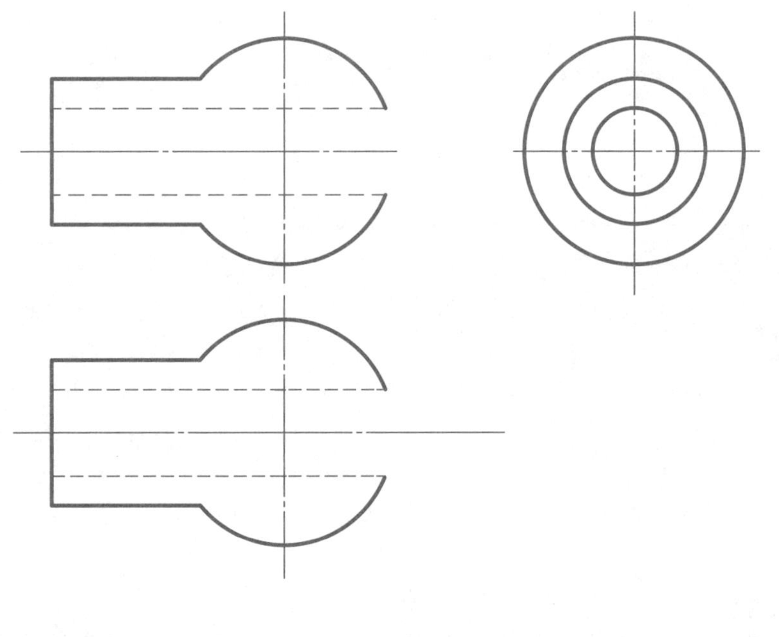

11. 补全 *V* 面投影和 *W* 面投影（形体分析提示：相贯体的主体是球和圆台相交，圆台内有个同轴圆柱孔与垂直的圆柱孔相通）。

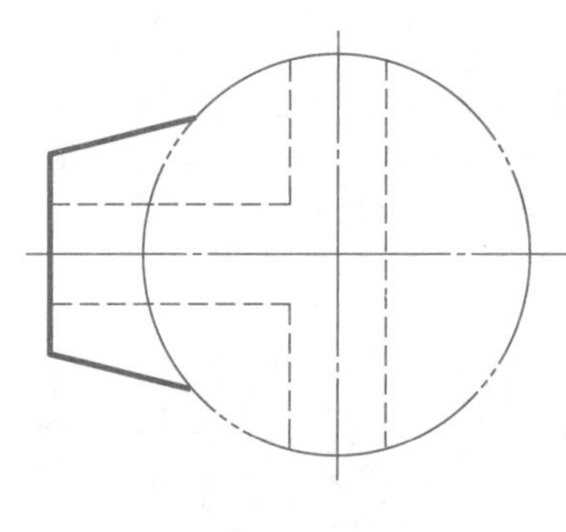
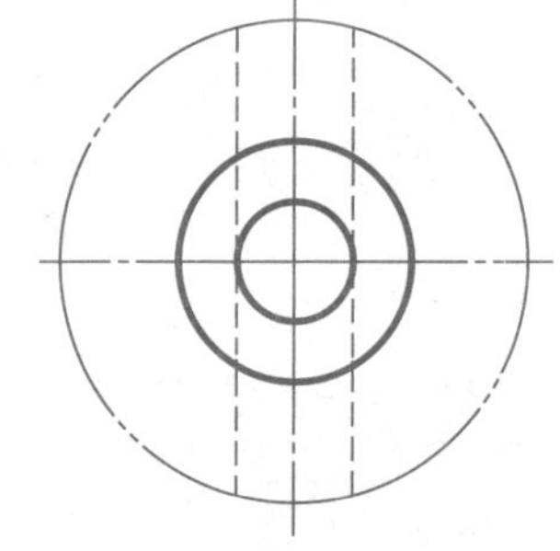
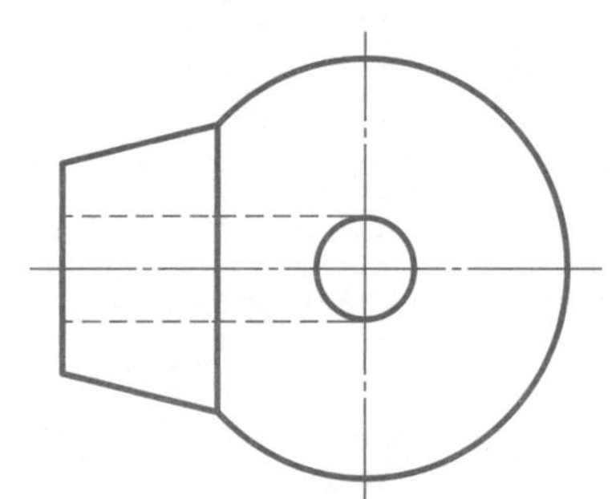

12. 补画 *V* 面投影中的漏线。

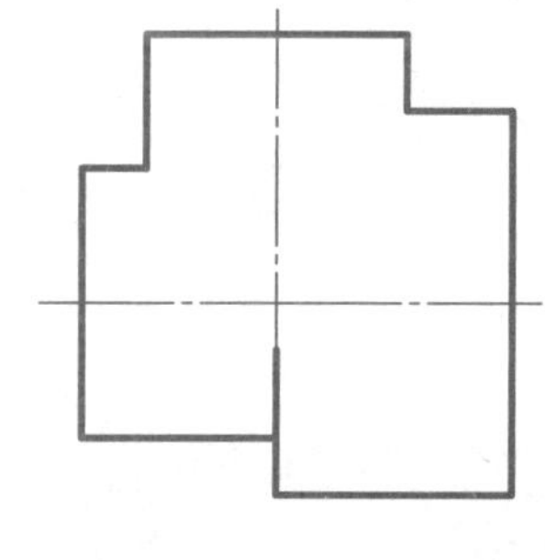
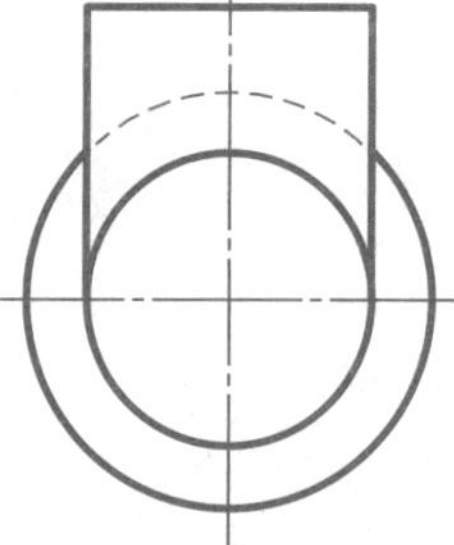
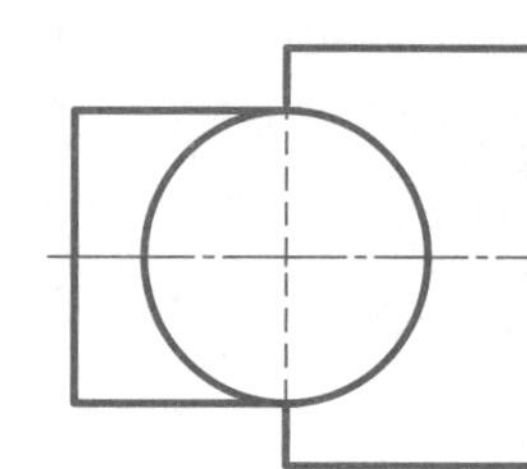

4-1　组合体的形成。

1. 补画视图中所缺的线。

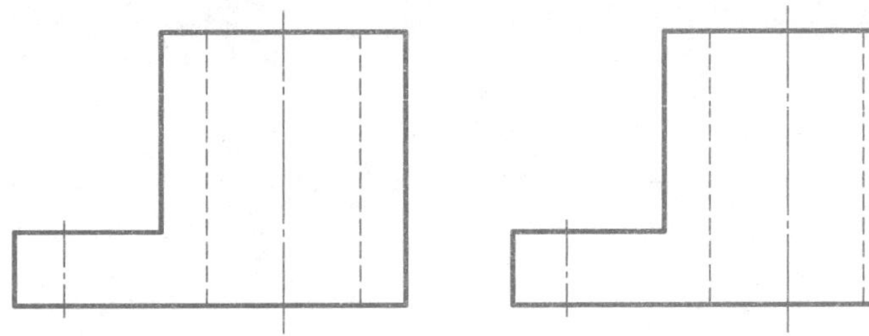
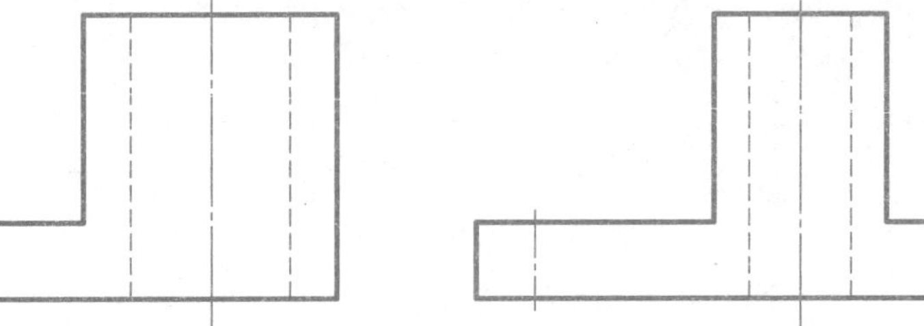
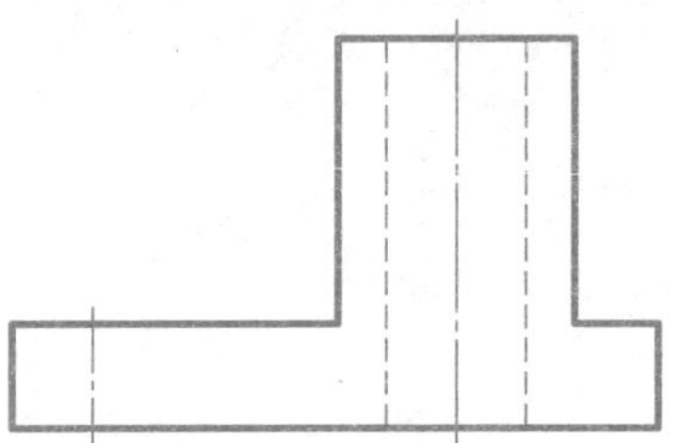
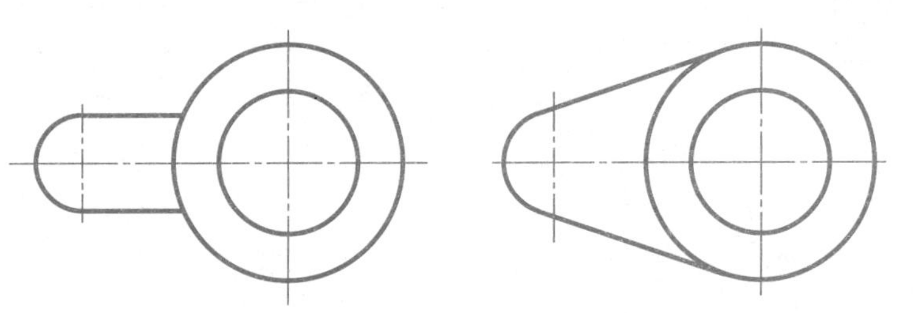
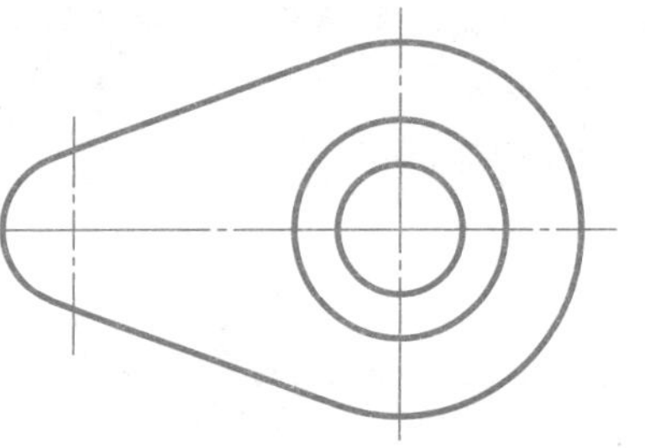

2. 补画视图中所缺的线。

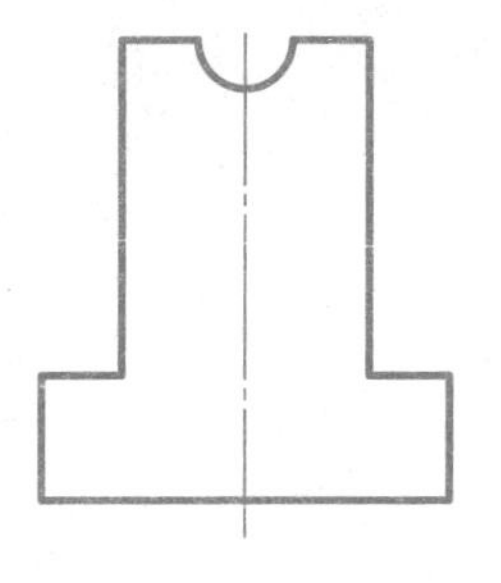
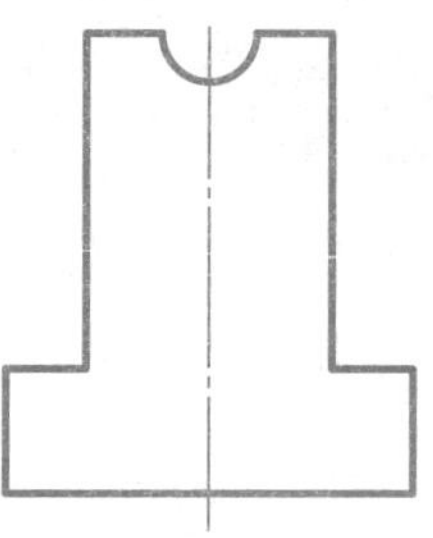
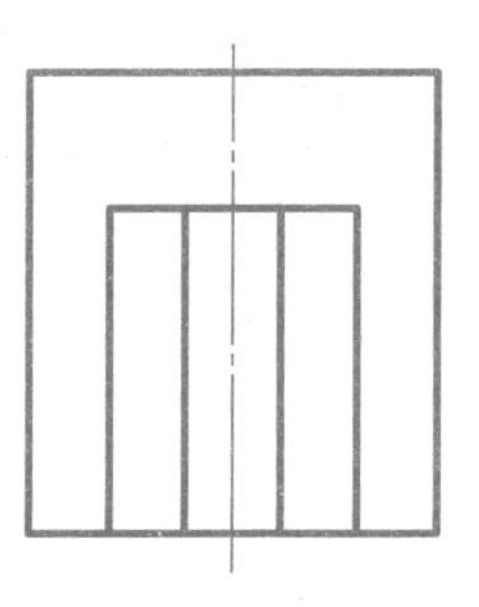
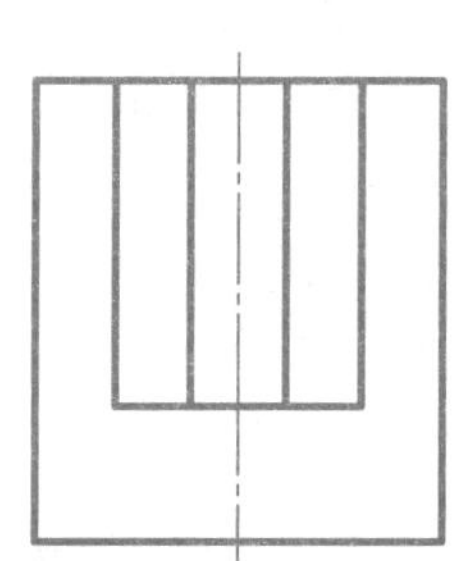

3. 根据立体图补全视图。

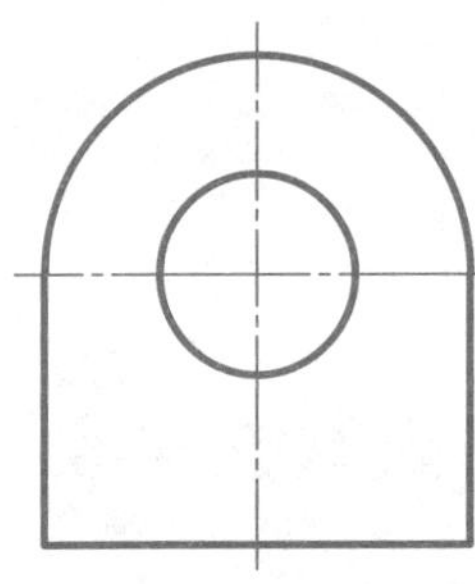
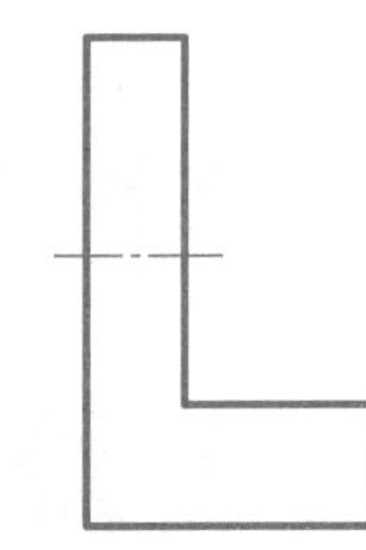
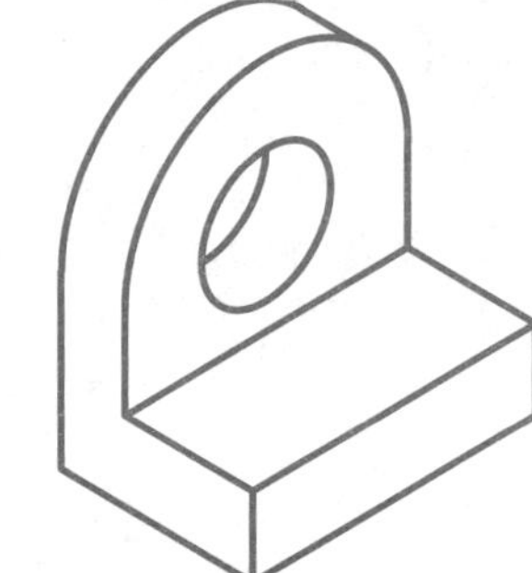

4. 根据立体图补全视图。

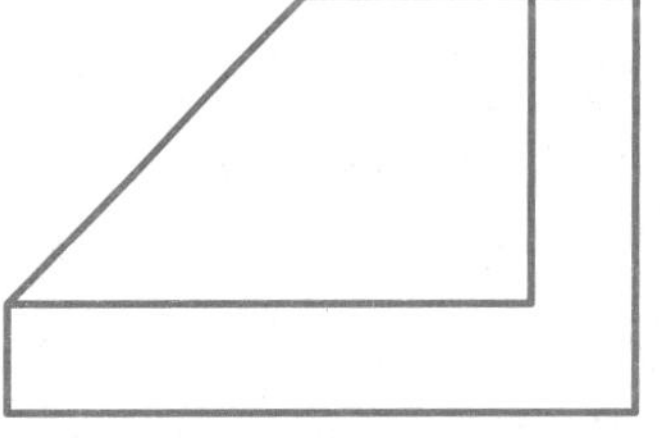

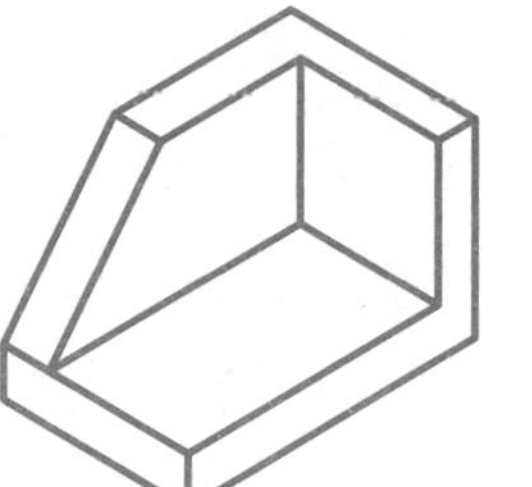

5. 根据立体图补全视图。

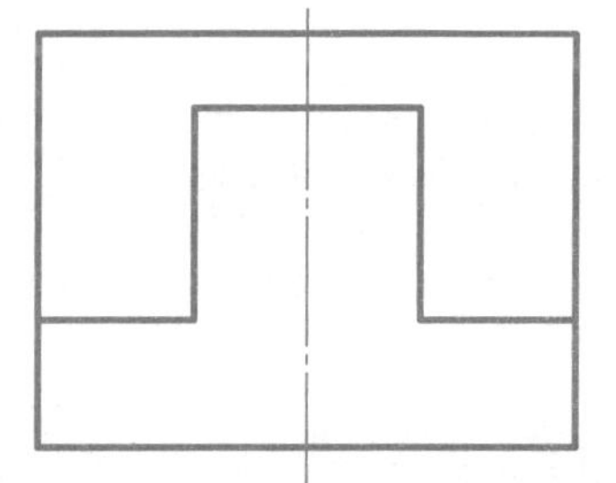
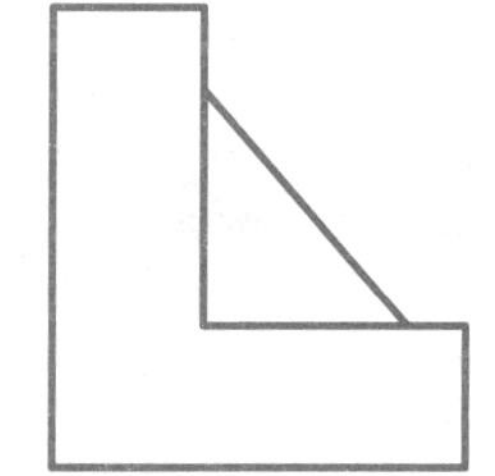
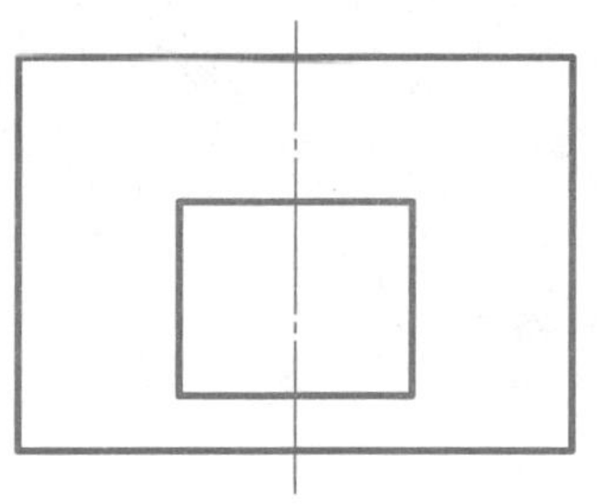
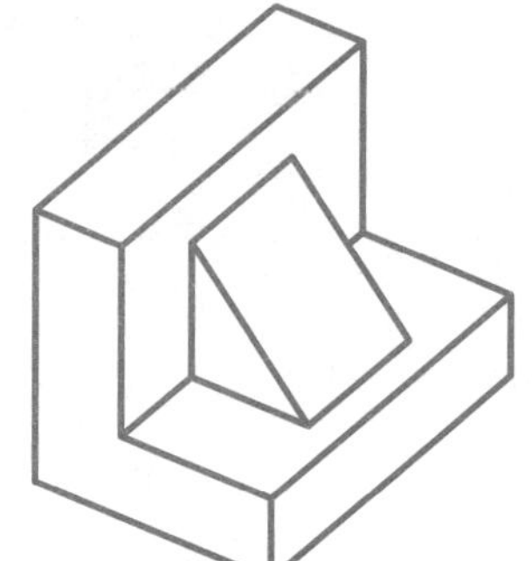

4-2　组合体视图的画法。

1. 已知组合体由三部分构成，分别补画出每一部分的三视图。

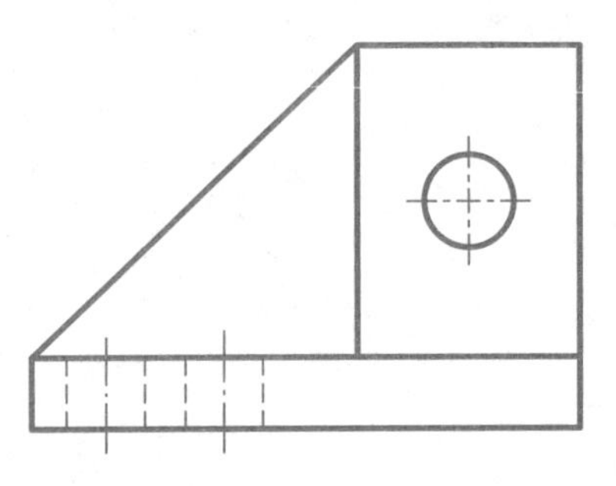

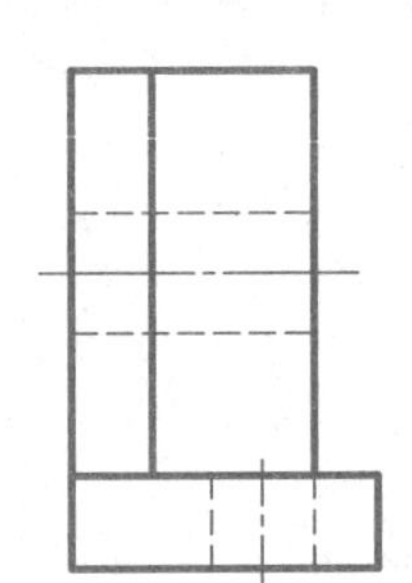

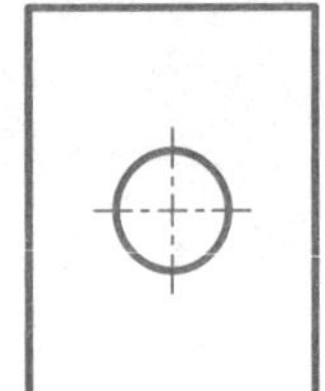

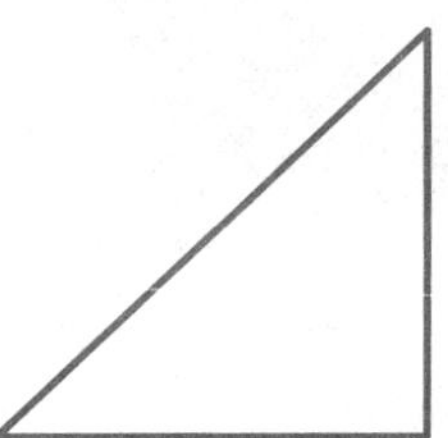

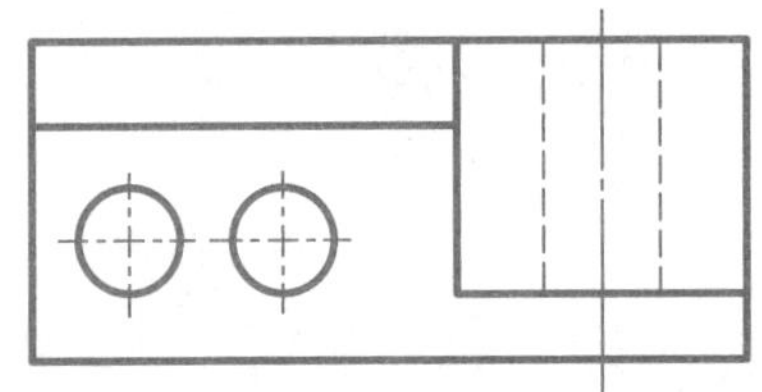

2. 参照立体图，画出物体的三视图（物体左右对称，孔为通孔，尺寸数值按 1∶1 的比例直接从立体图中量取）。

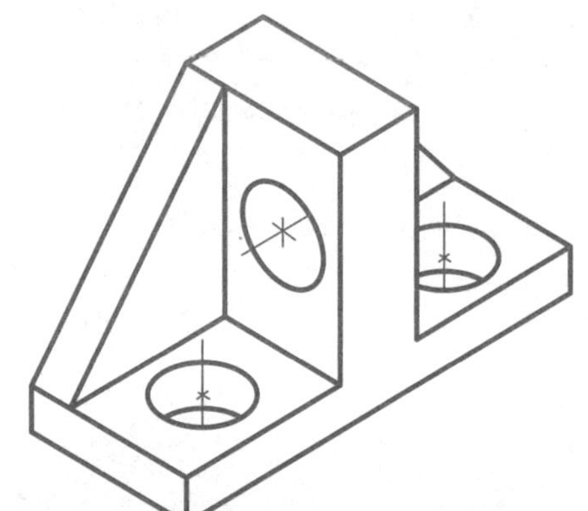

3. 参照立体图，画出物体的三视图（物体左右对称，尺寸数值按 1∶1 的比例直接从立体图中量取）。

4-3　画组合体视图。

1. 根据轴测图及轴测图上所注的尺寸，用1∶1的比例画出组合体的三视图。

R18
ϕ18
17
18
14
30
15
12
30
45
48
88

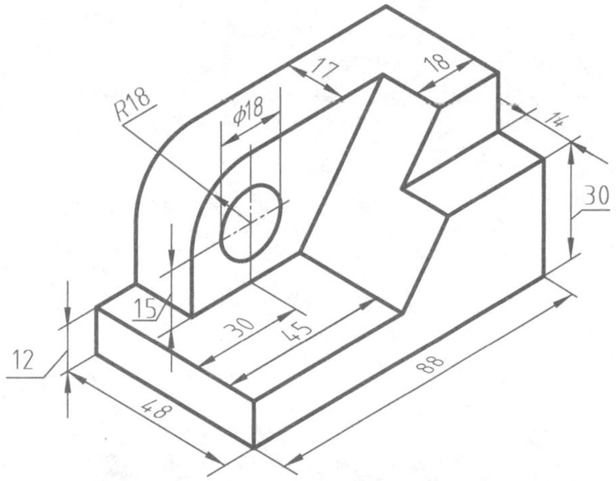

2. 根据轴测图及图上所注尺寸，用1∶1的比例画出组合体的三视图。

32×32
18×18 通孔
R12
14
通孔
R25
R34
46
36
50
100

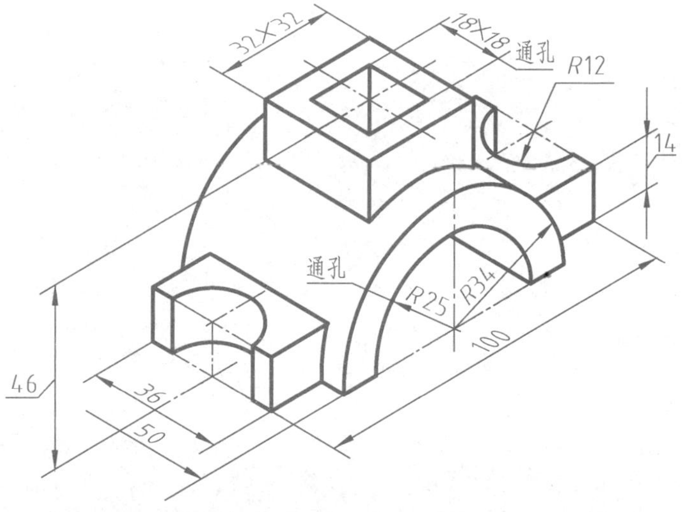

班级：　　　　姓名：　　　　学号：

## 4-4 读组合体视图（一）。

1. 已知主、俯视图，选择正确的左视图。

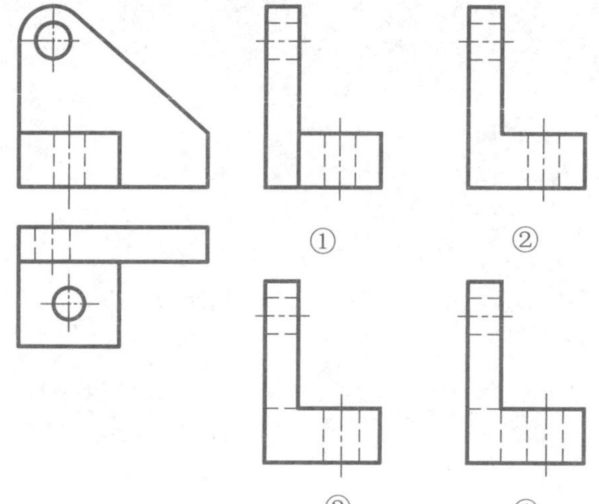


2. 已知主、俯视图，选择正确的左视图。

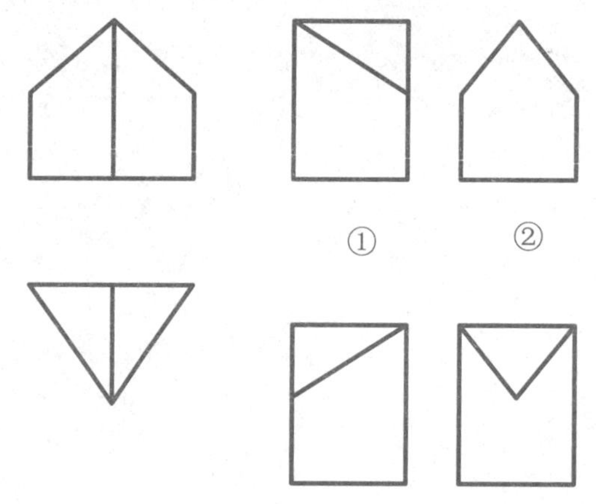


3. 已知主、俯视图，选择正确的左视图。

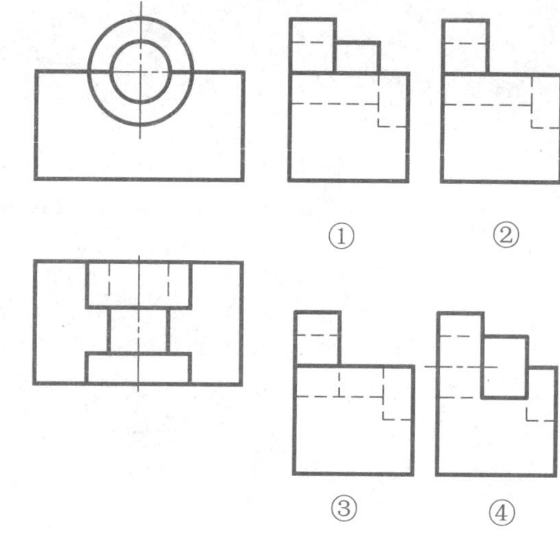


4. 已知主、俯视图，选择正确的左视图。

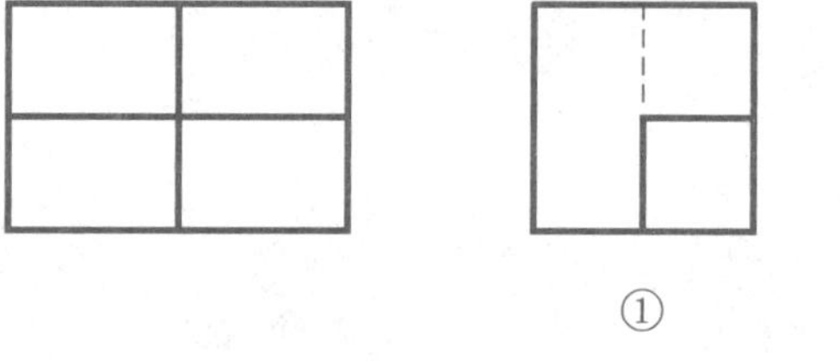
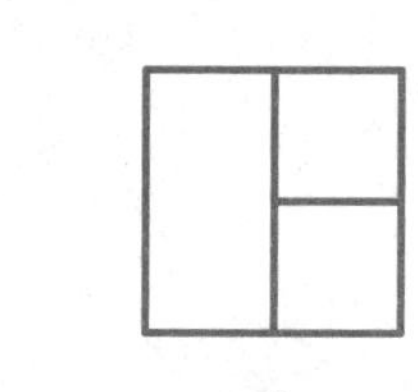
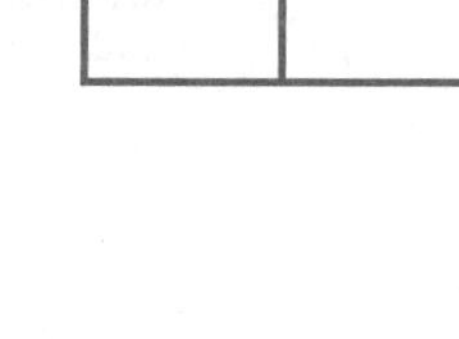
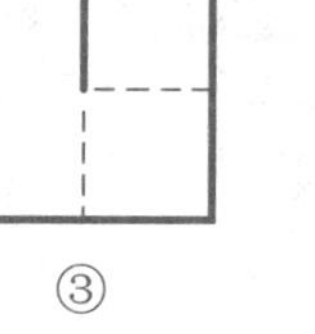
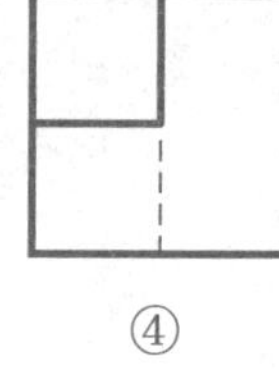

5. 已知俯视图，选择正确的主视图。

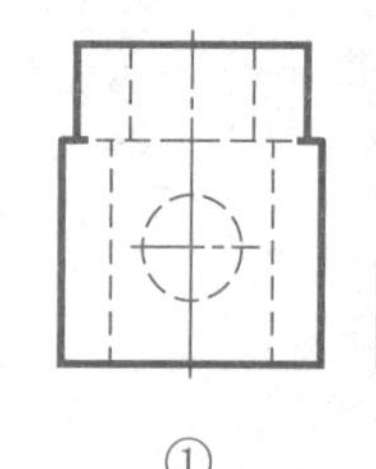
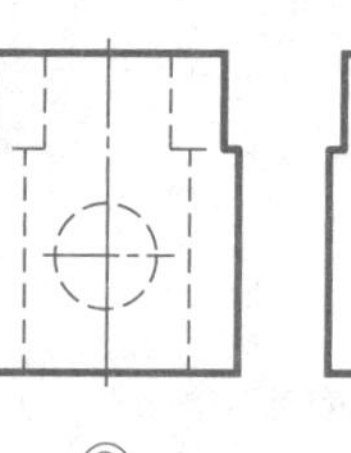
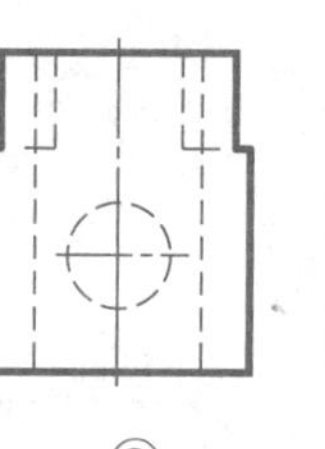
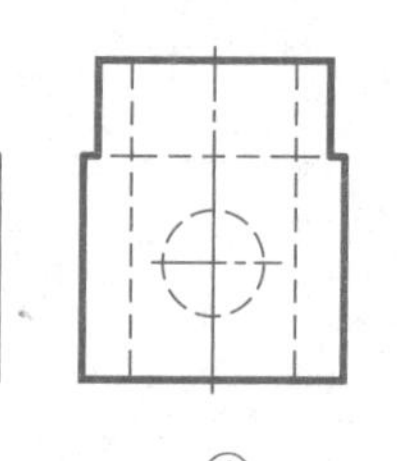

6. 已知主、左视图，选择正确的俯视图。

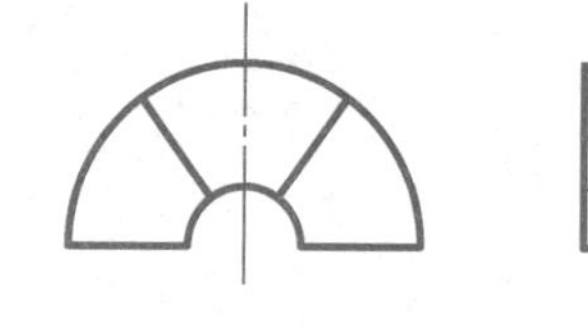
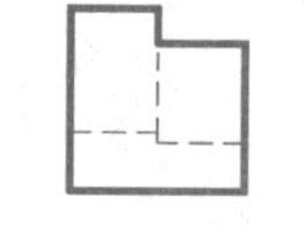
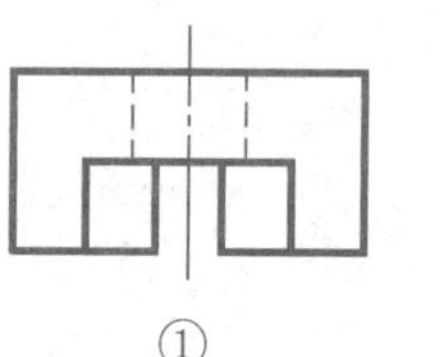
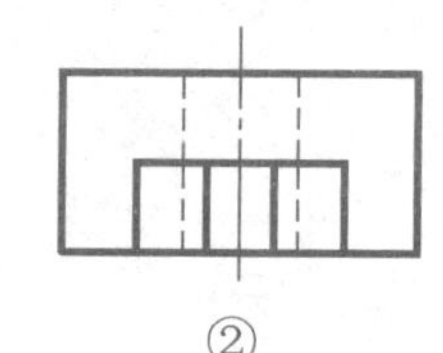
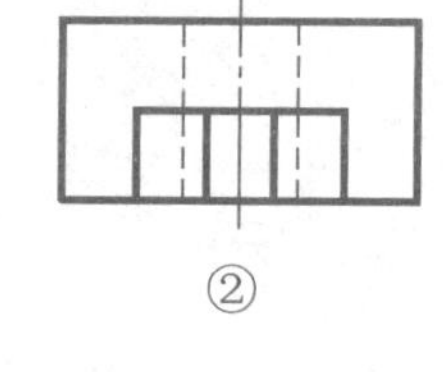
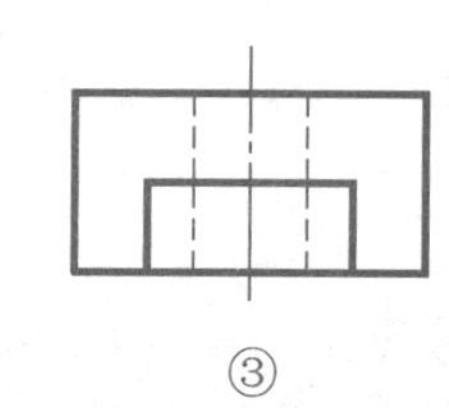
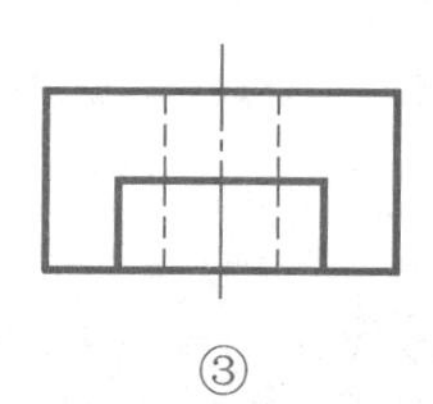
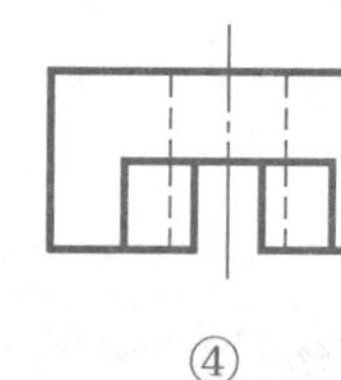

4-5 读组合体视图（二）。

7. 已知组合体的主、俯视图，选择正确的左视图。

（1）

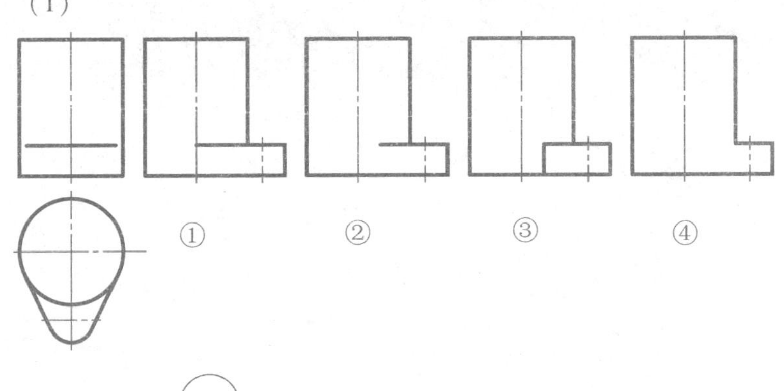


（2）

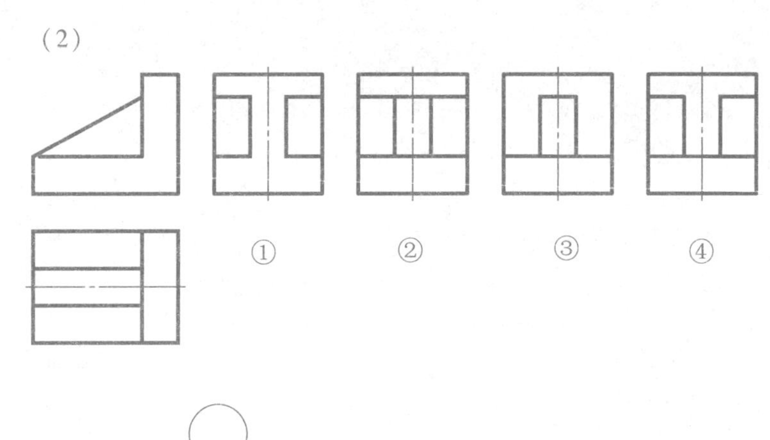


（3）

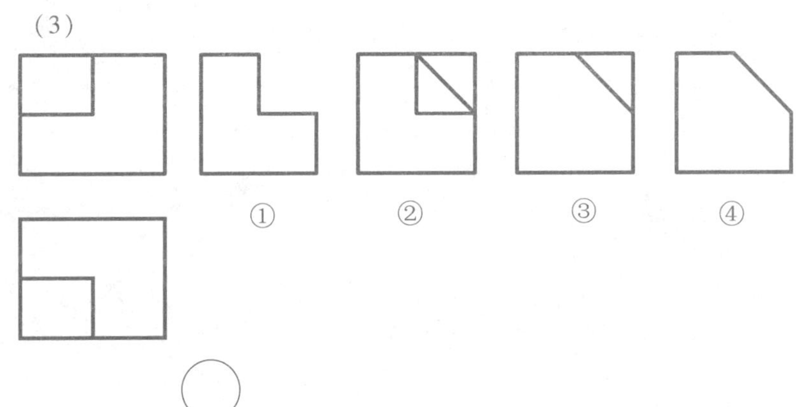


（4）

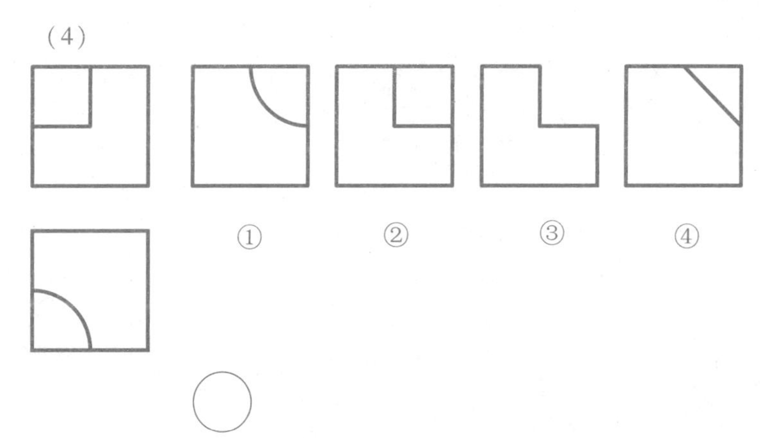


（5）

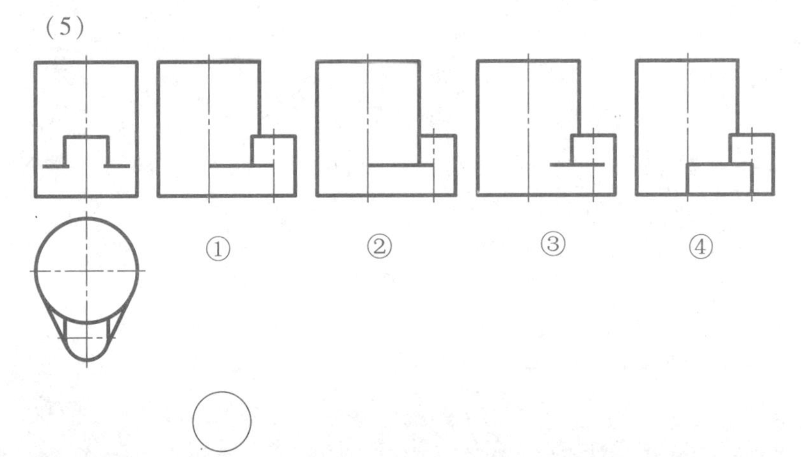


（6）

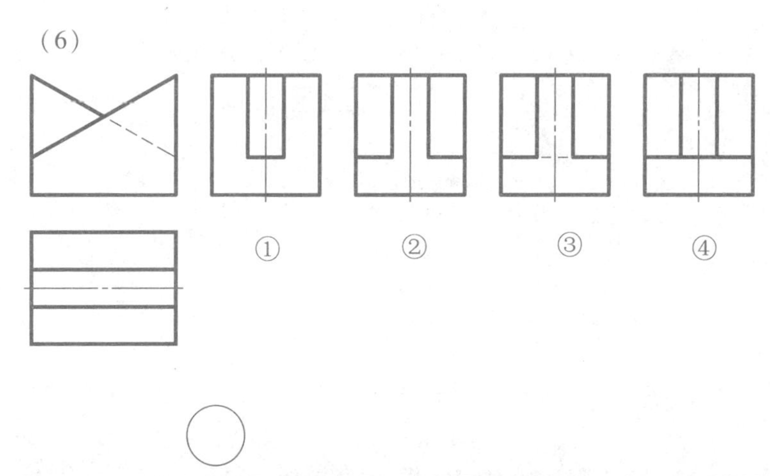

4-6 读组合体视图（三）。

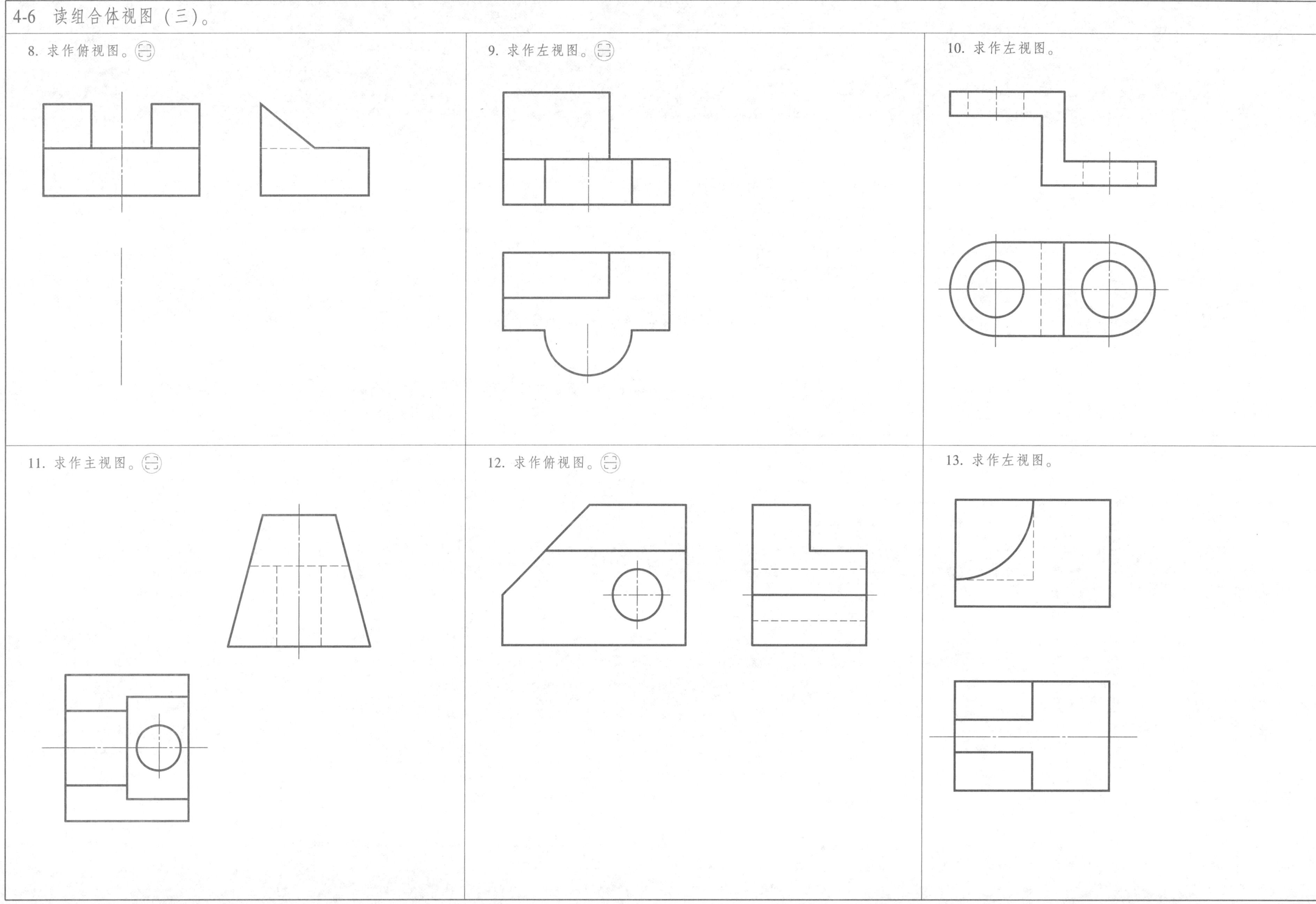

班级：　　　　姓名：　　　　学号：

4-7　读组合体视图（四）。

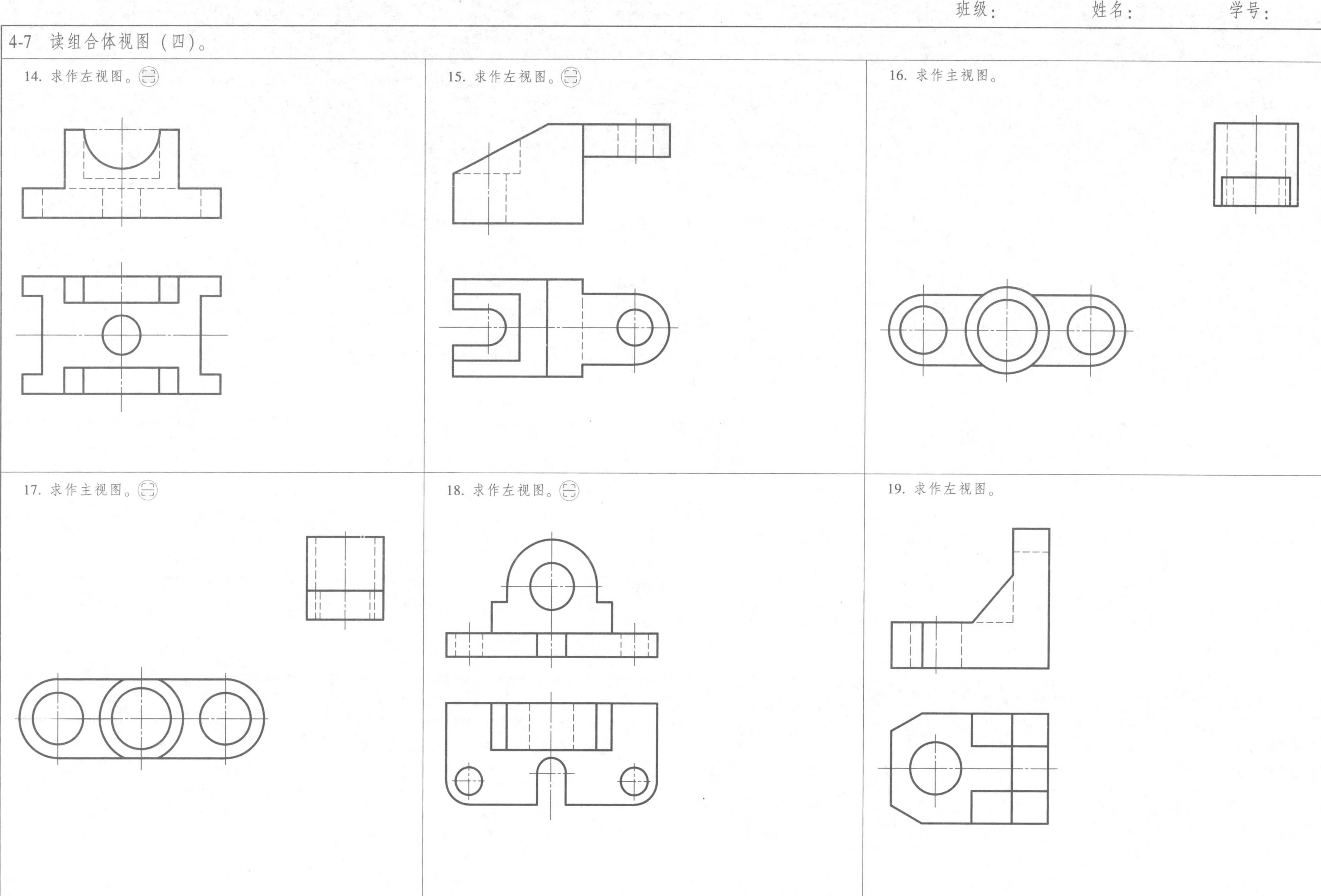

4-8　读组合体视图（五）。

20. 求作左视图。

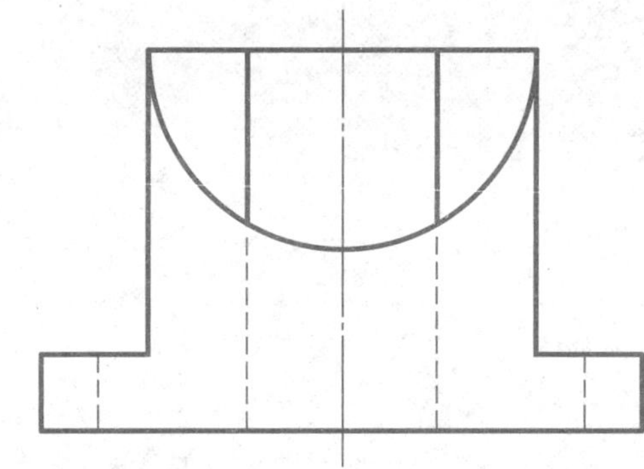

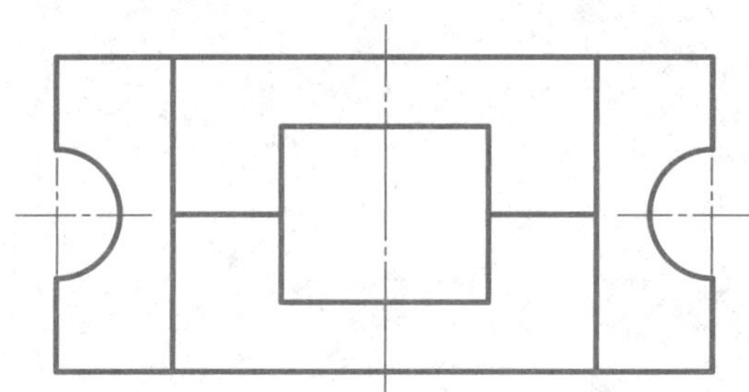

21. 求作主视图。

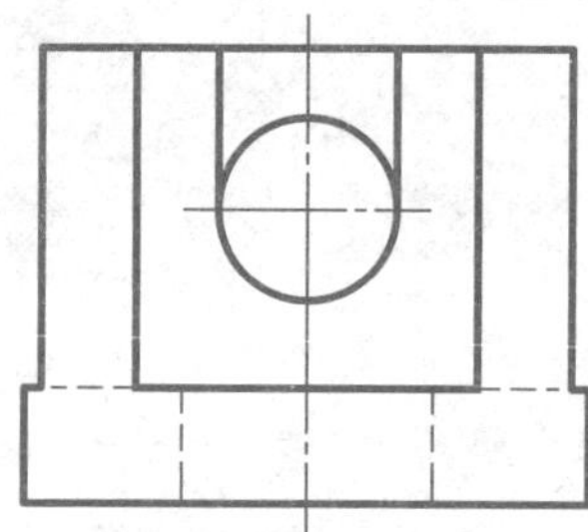

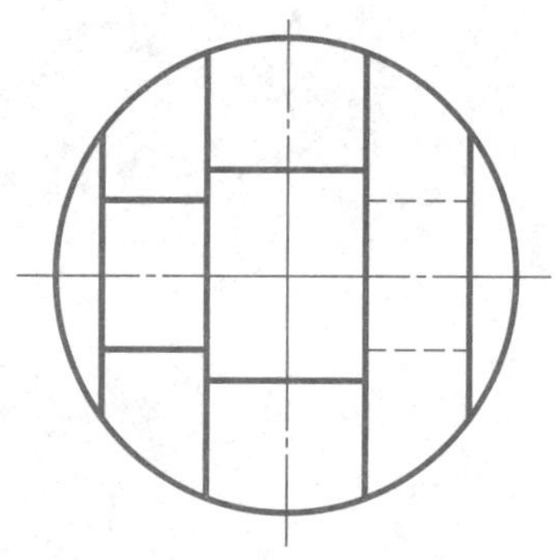

22. 求作左视图。

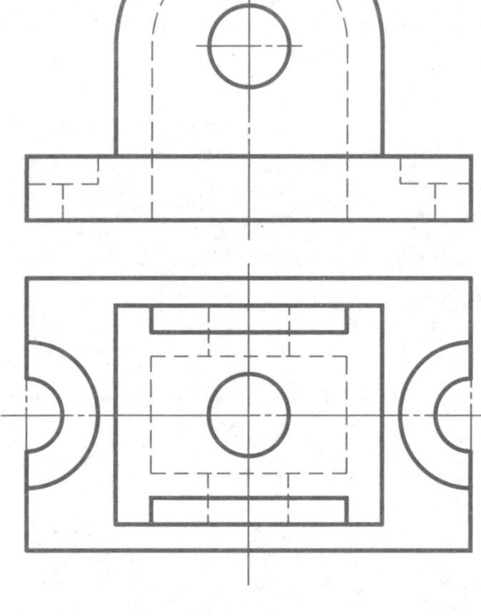

23. 求作左视图。

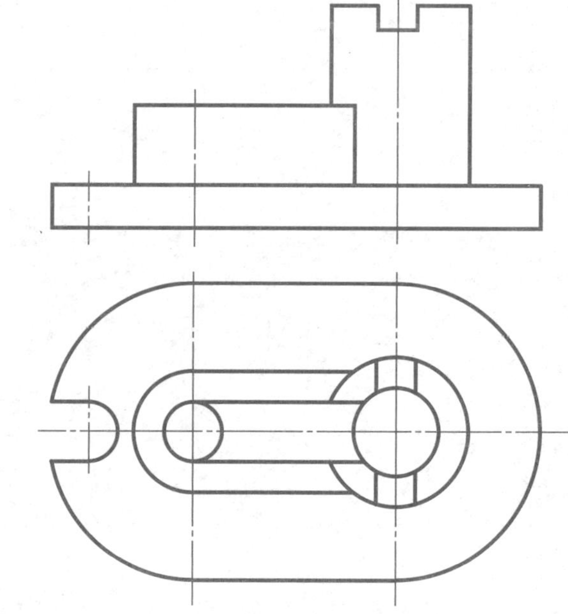

## 4-9　读组合体视图（六）。

24. 求作左视图并补画漏线。

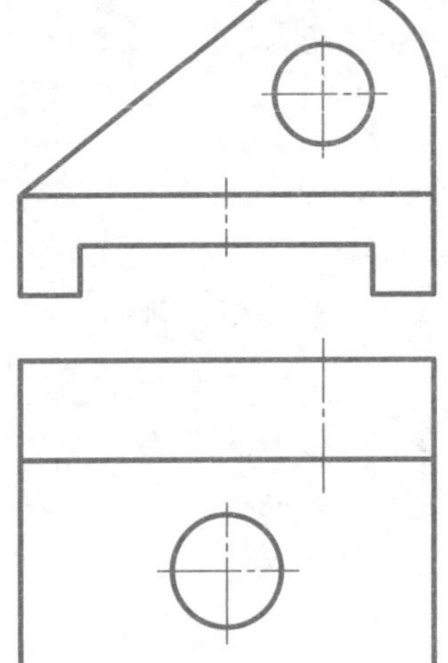

25. 求作俯视图并补画漏线。

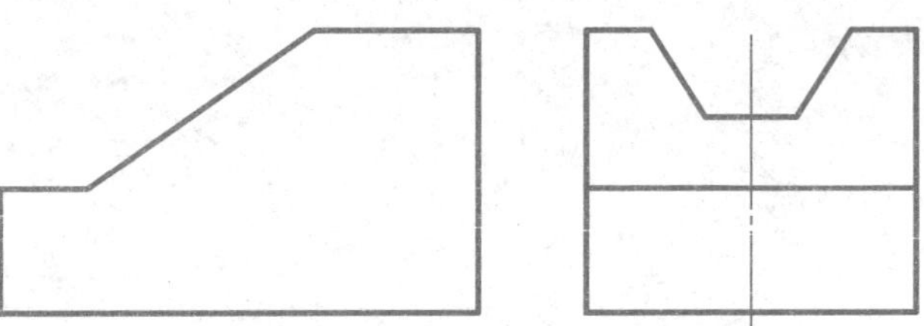

26. 求作左视图。

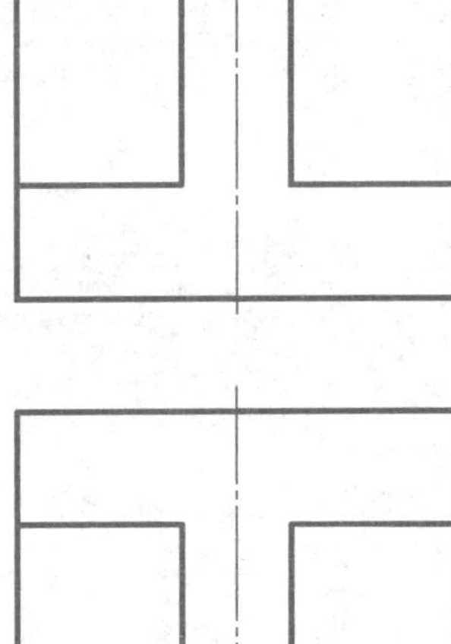

27. 求作俯视图并补画漏线。

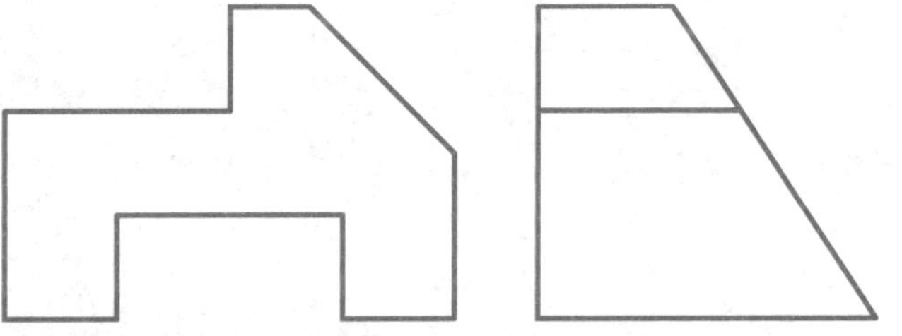

4-10 读组合体视图（七）。

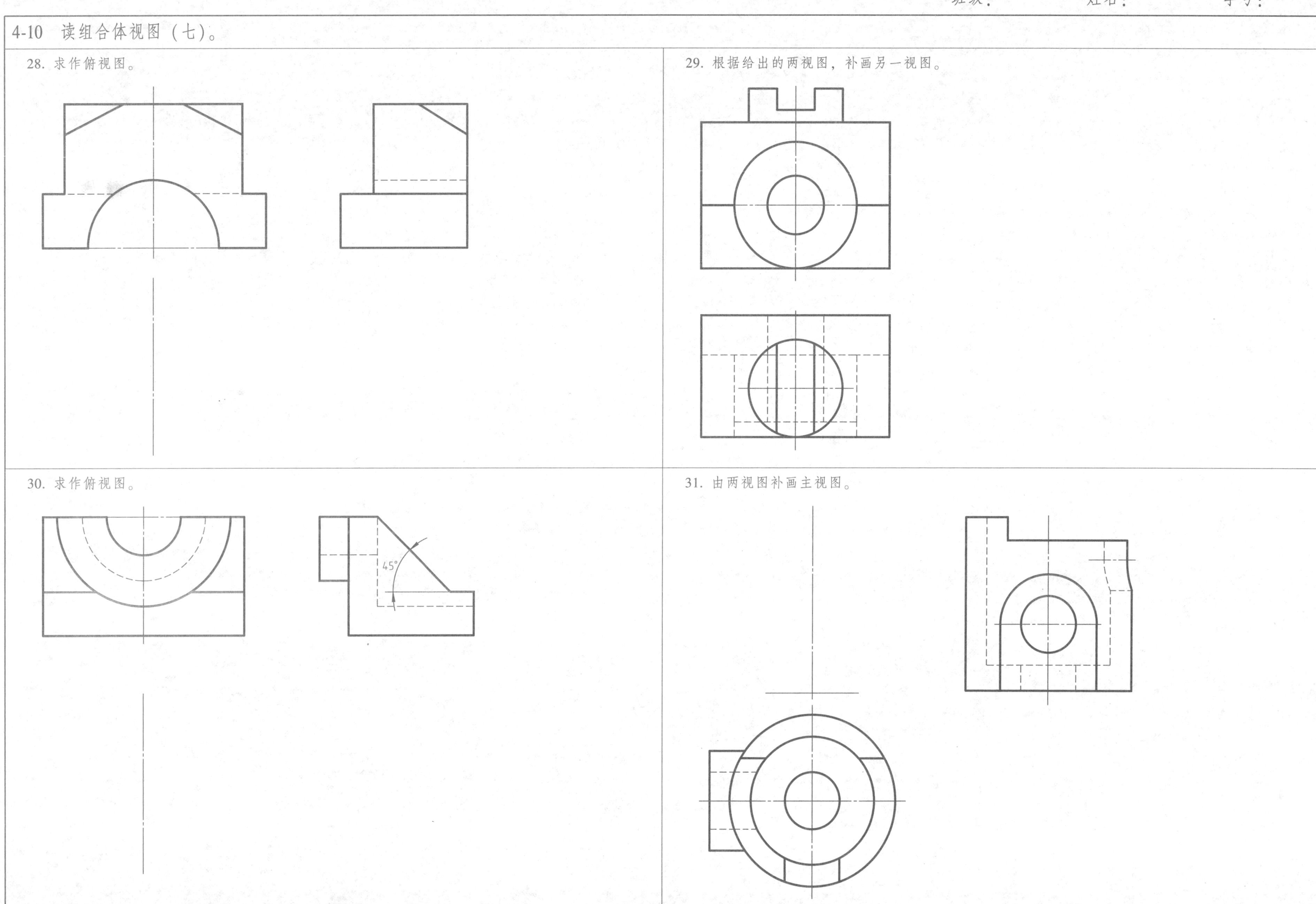

## 4-11　读组合体视图（八）。

32. 由两视图补画左视图，并用 2∶1 的比例在 A3 幅面的图纸上画组合体的三视图。

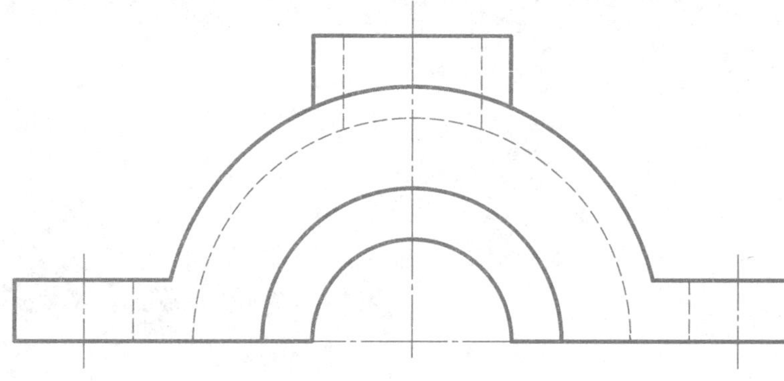

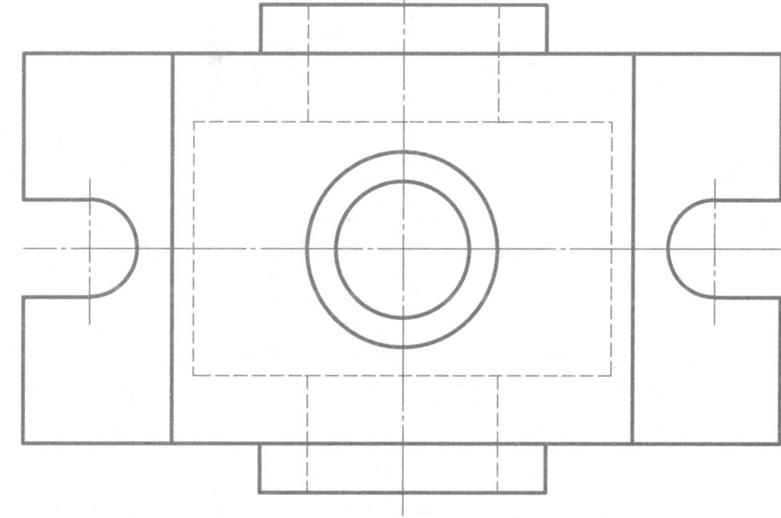

33. 由两视图补画左视图，并用 2∶1 的比例在 A3 幅面的图纸上画组合体的三视图。

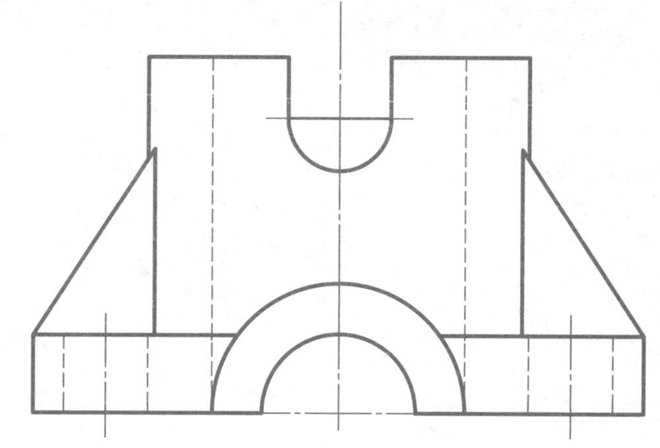

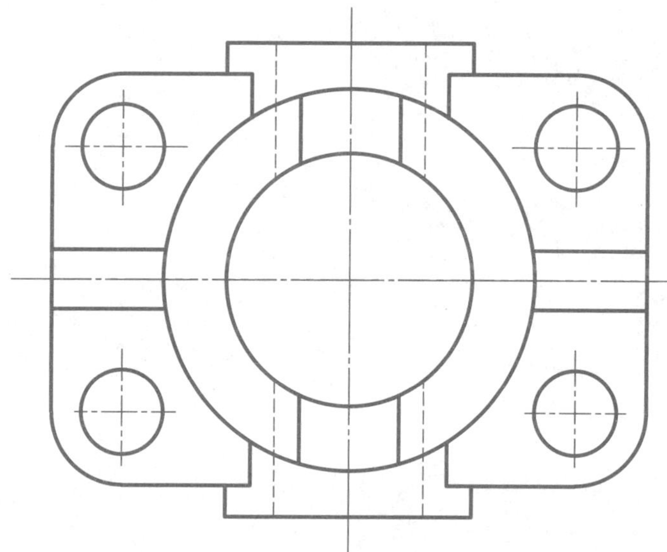

4-12　组合体的尺寸标注（一）（尺寸数值按 1∶1 的比例直接从图中量取并取整）。

1.

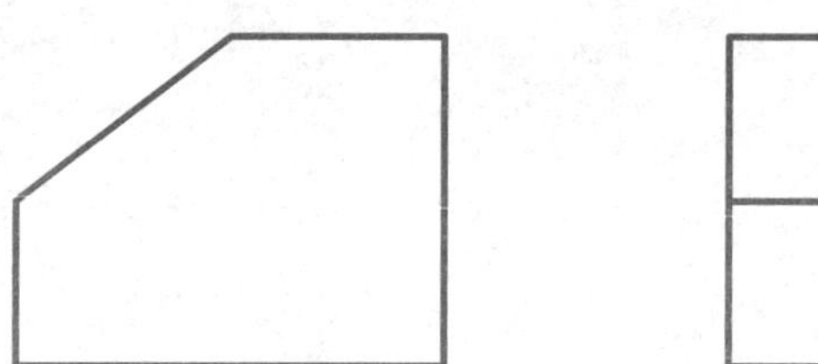

2.

（1）

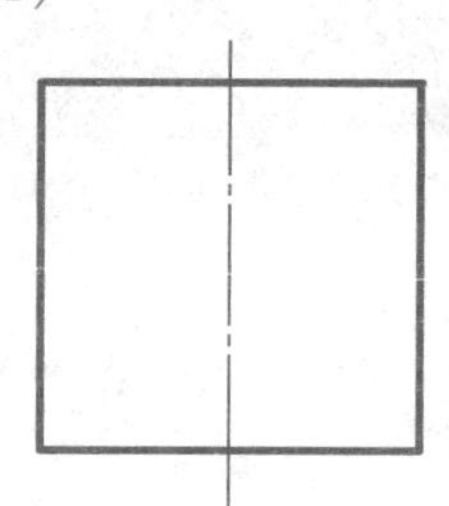

（2）

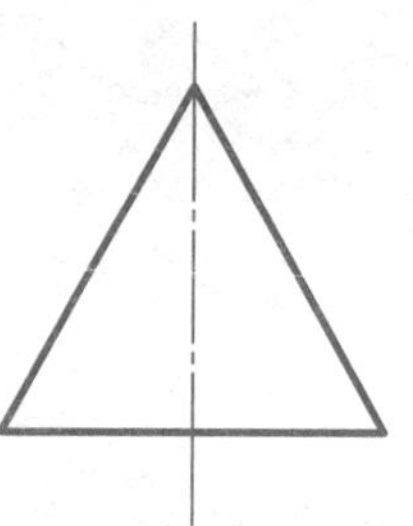

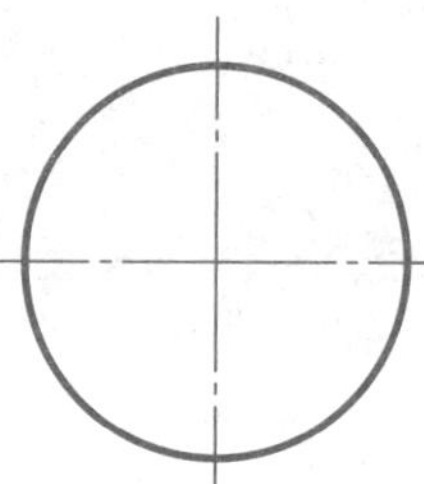

3.

（1）

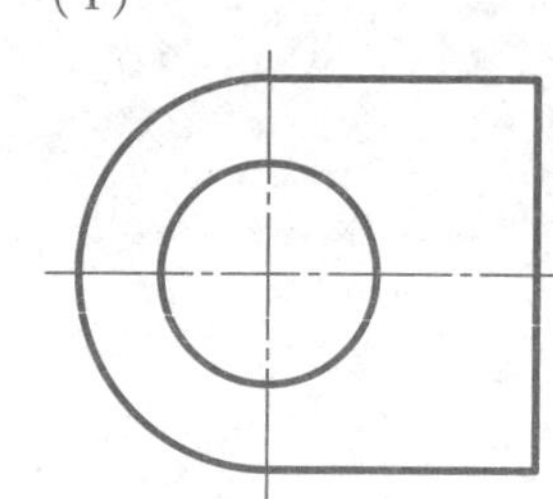

（2）

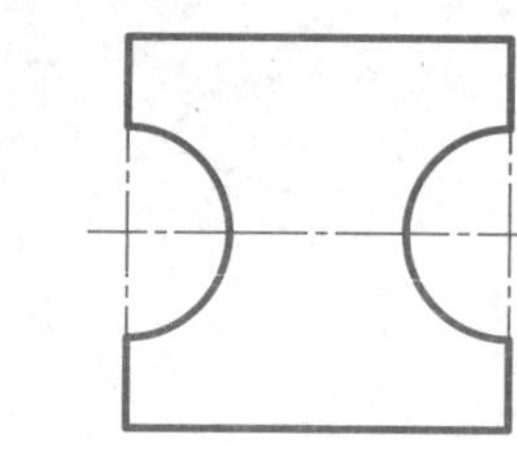

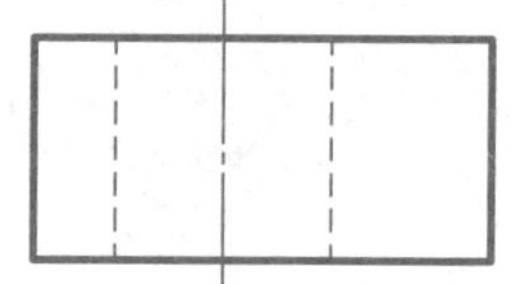

4.

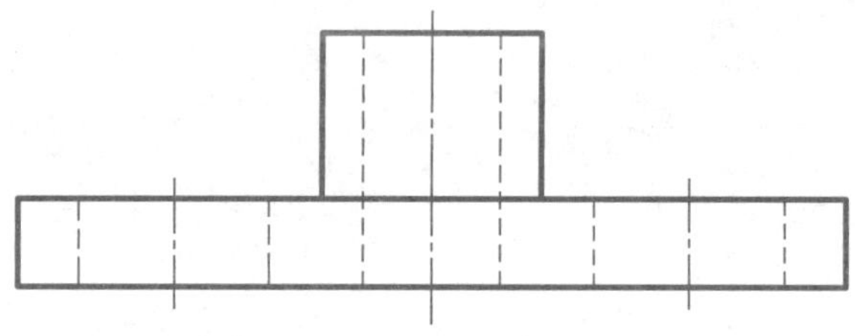

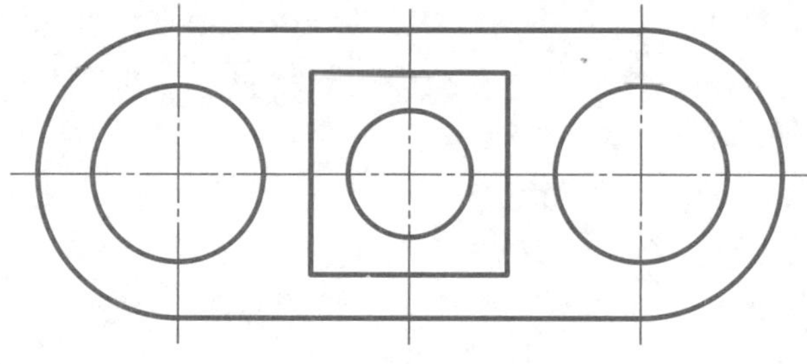

5.

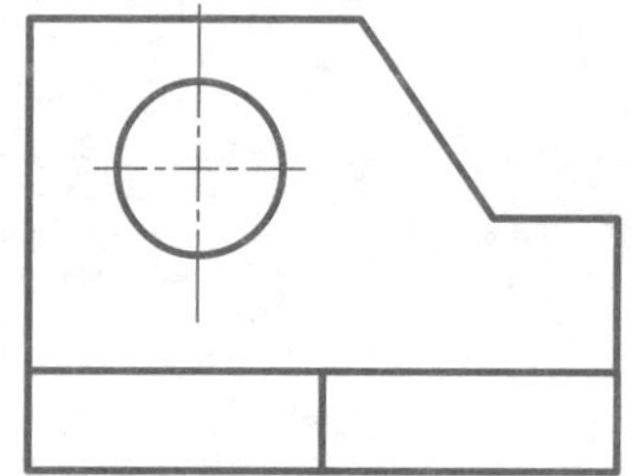

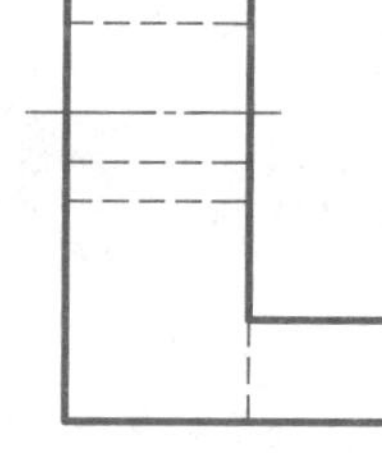

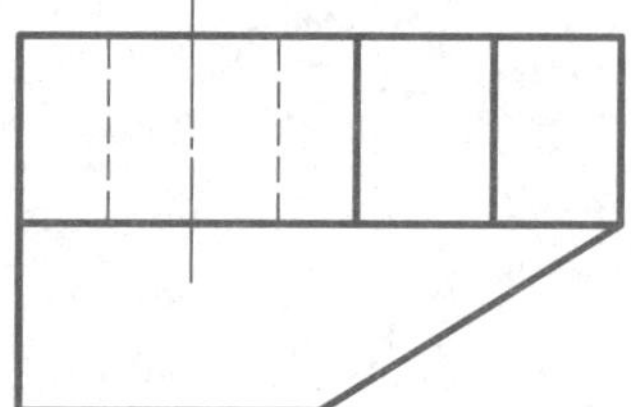

6.

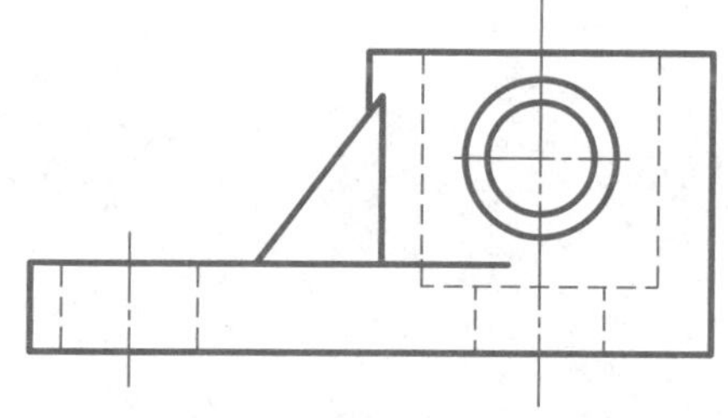

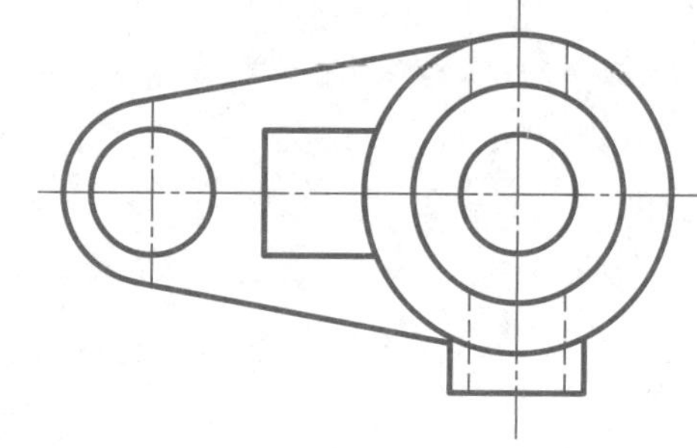

班级：　　　　姓名：　　　　学号：

4-13　组合体的尺寸标注（二）（补画第三视图并标注尺寸，尺寸数值按1∶1的比例直接从图中量取并取整）。

7.

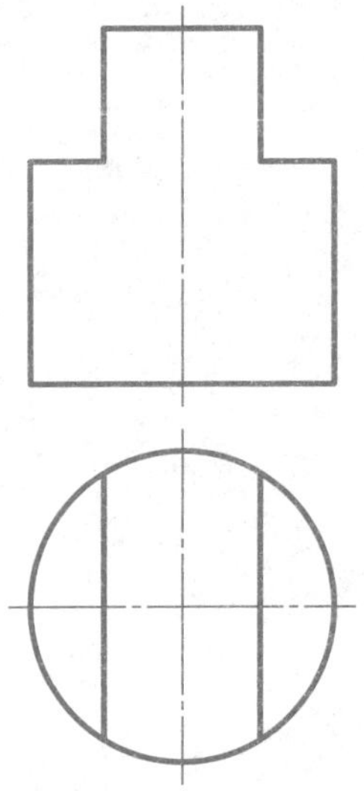

8.

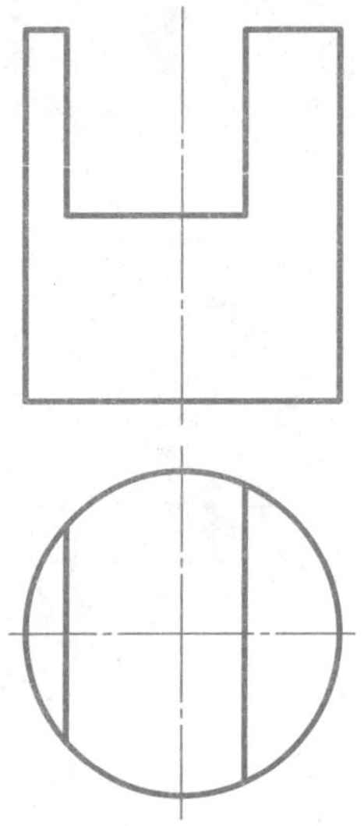

9.

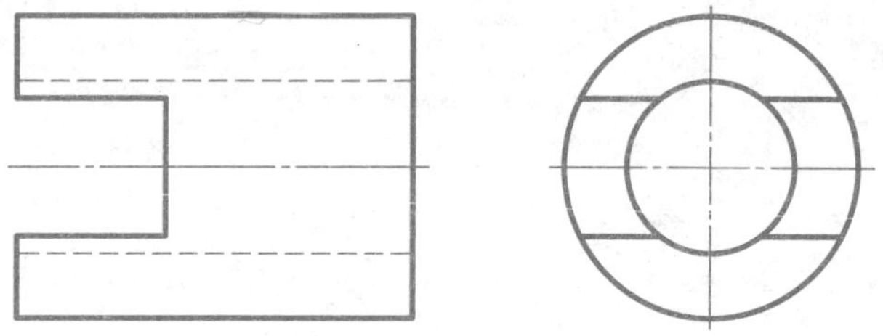

10.

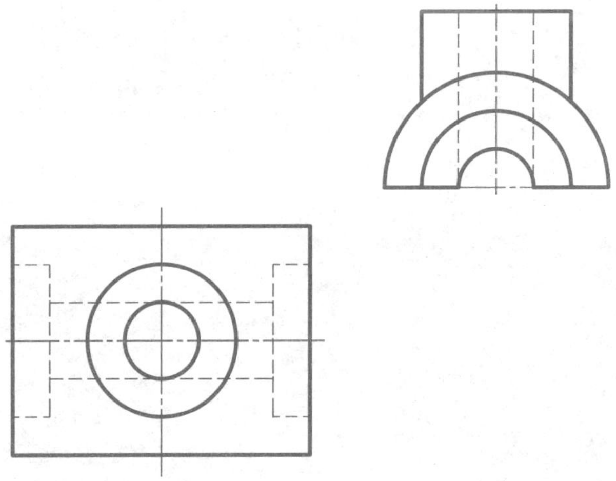

11.

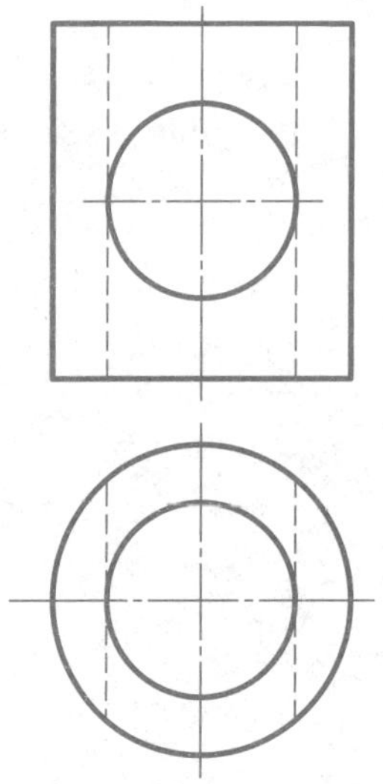

12.

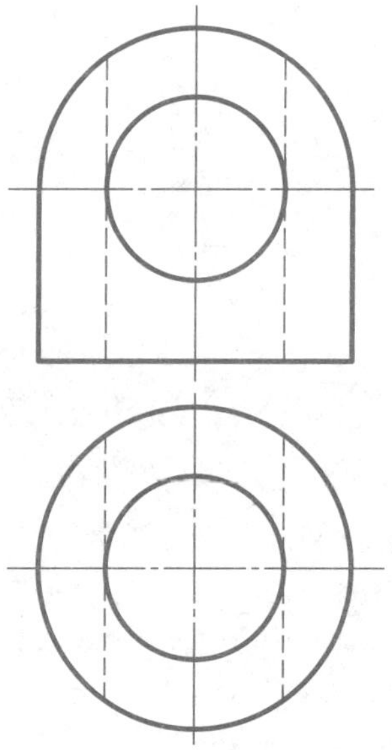

4-14　组合体构形设计基础。

1. 已知组合体主、俯视图，设计不同的组合体并绘制左视图（不少于4个）。

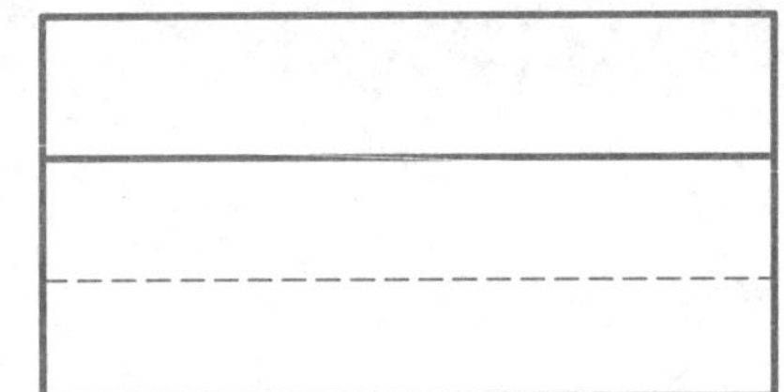

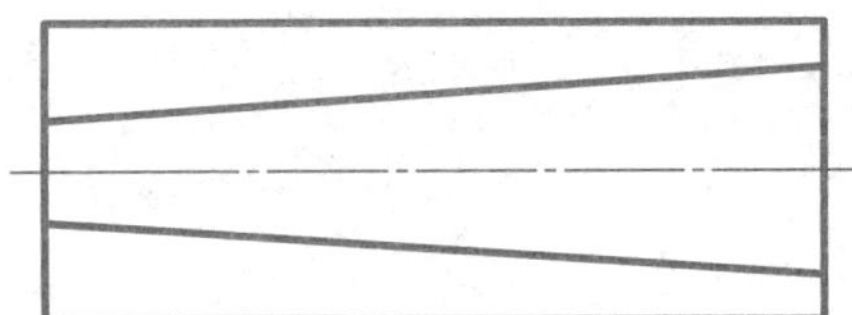

2. 根据主视图，构思组合体，并绘制俯视图及左视图（不少于5个）。

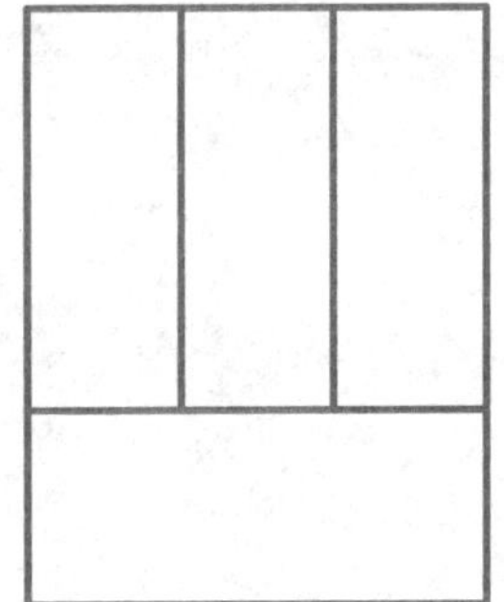

班级：　　姓名：　　学号：

5-1　正等轴测图画法（根据三视图绘制正等轴测图）。

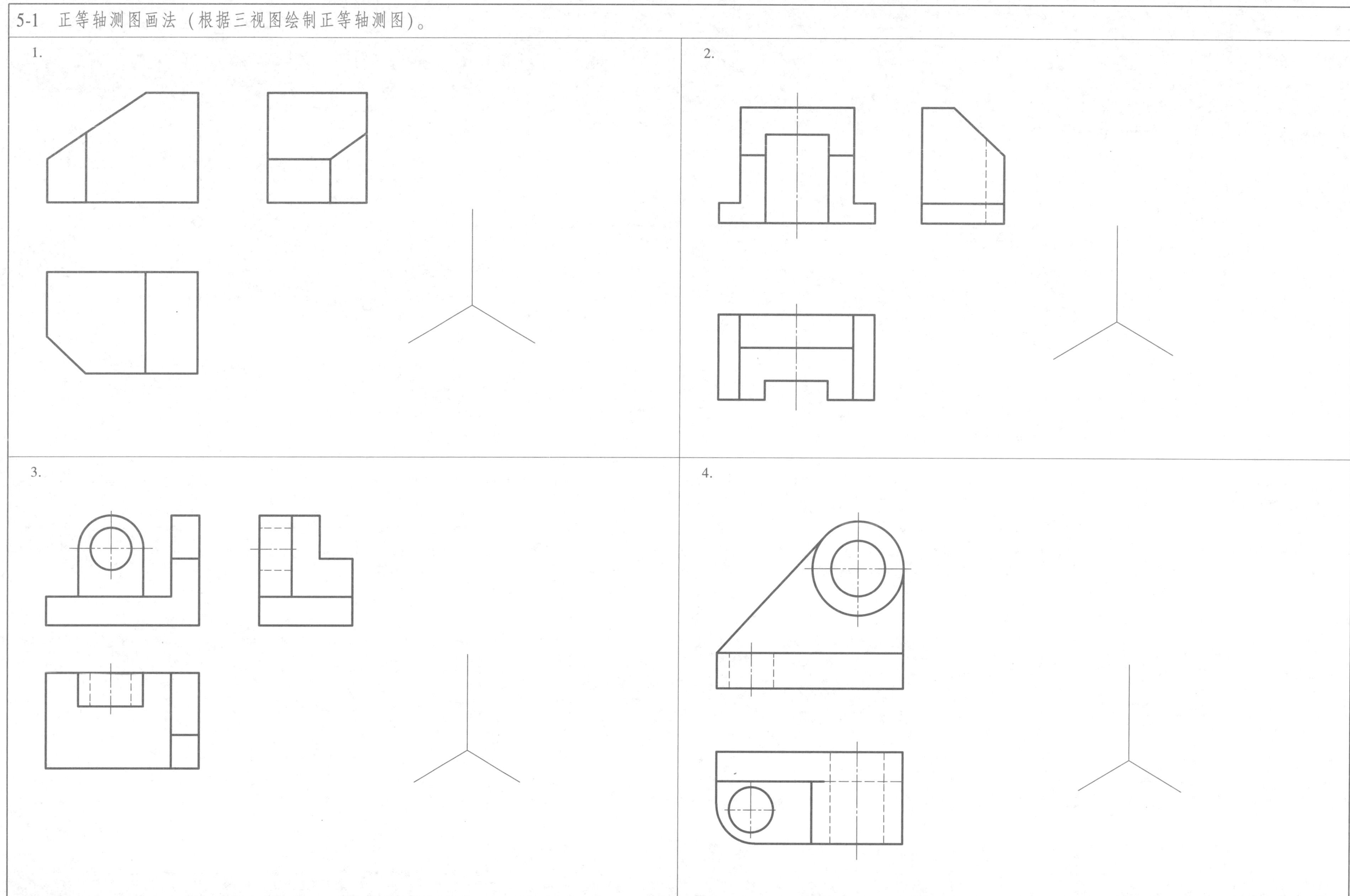

5-2　根据视图画出斜二轴测图。

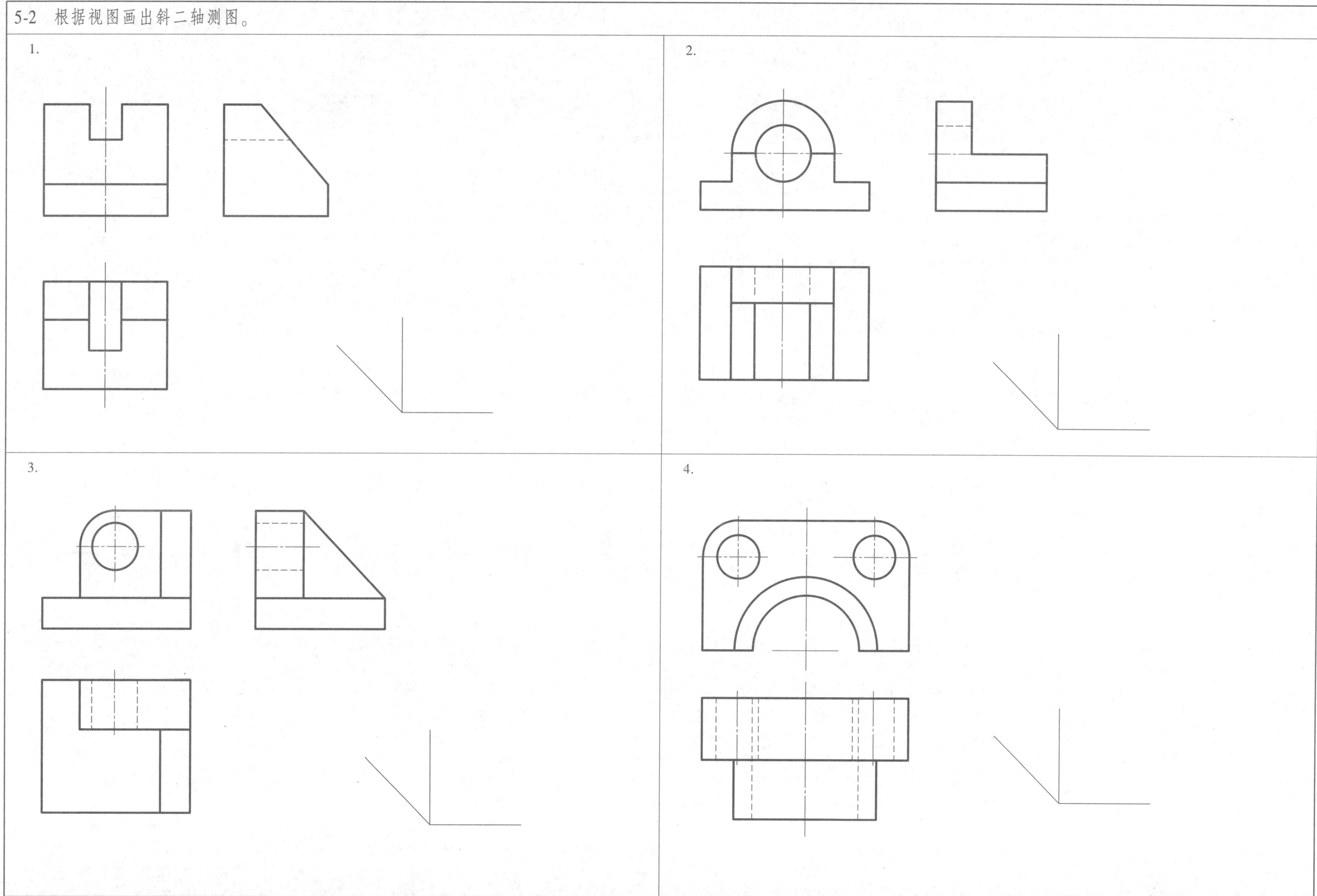

6-1　视图。

1. 根据物体的主视图和俯视图，补全其余四个基本视图。

2. 把俯视图改画成局部视图，并画出 *A* 向斜视图及 *B* 向局部视图。

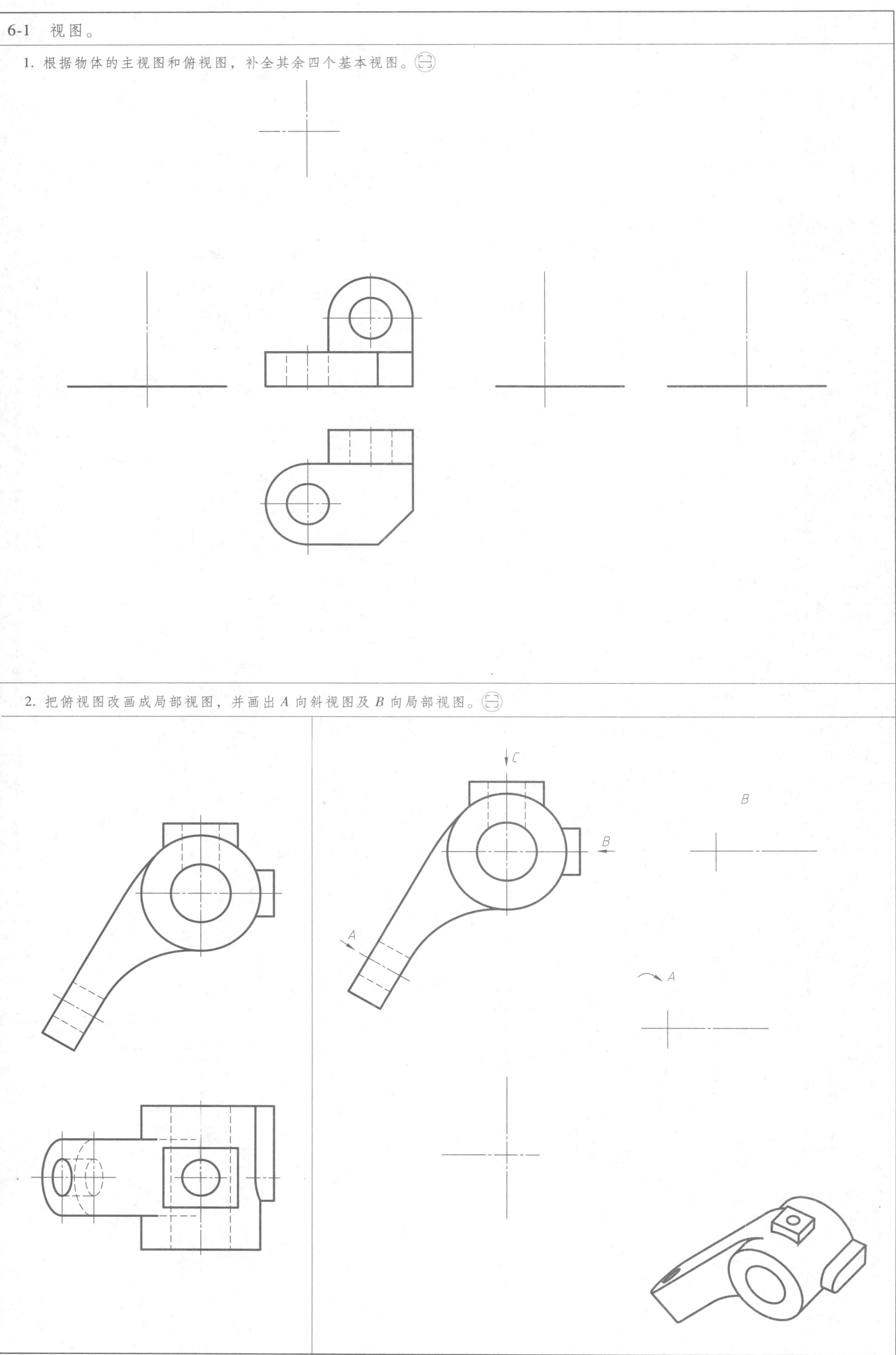

班级：　　　　姓名：　　　　学号：

6-2　剖视图（一）：补全下列视图中的漏线。

1.

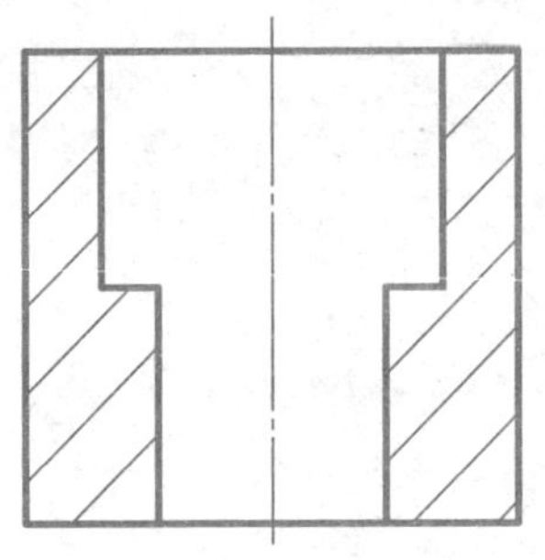
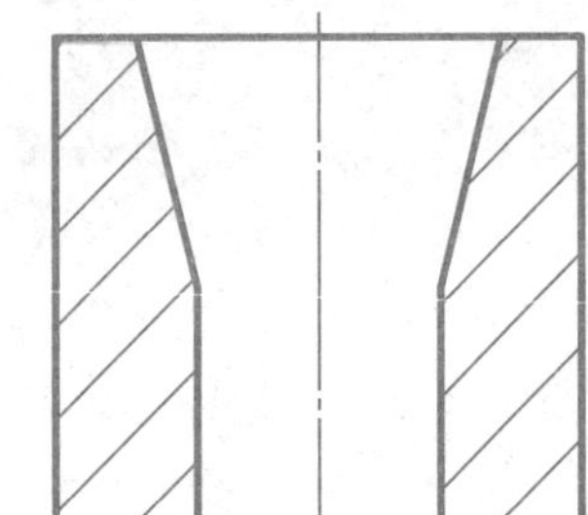
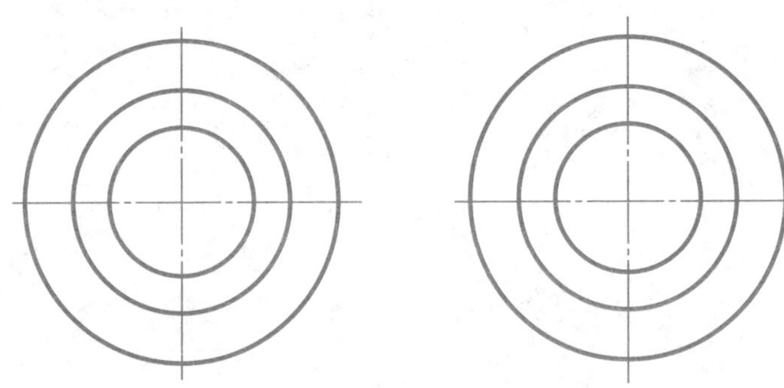

2.

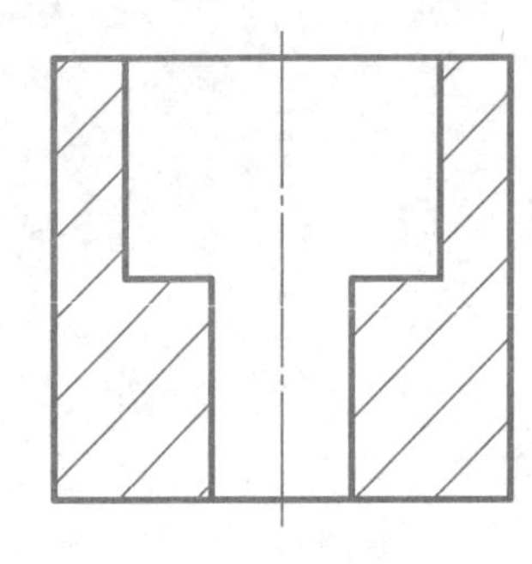
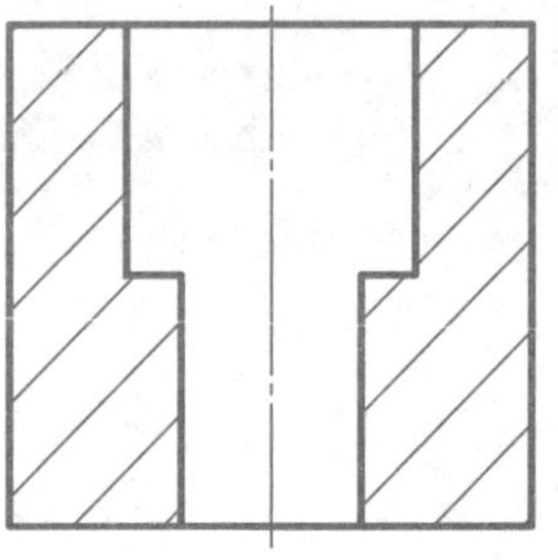
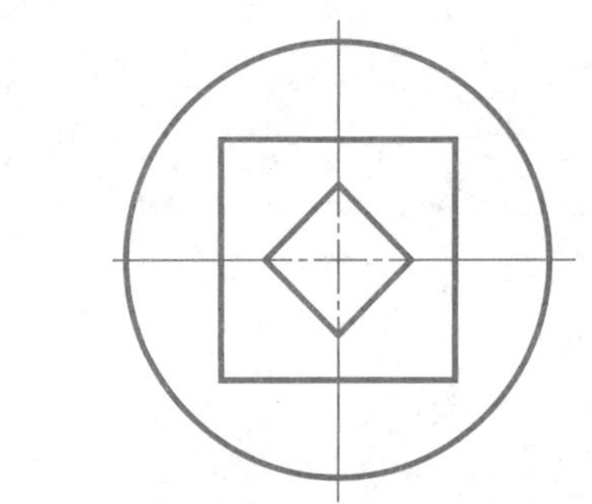

3.

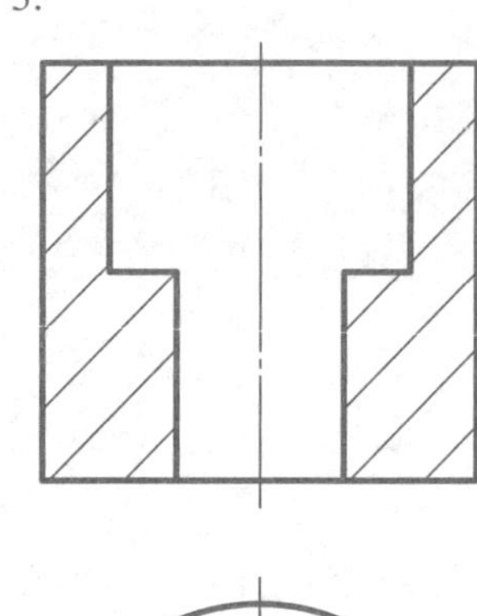
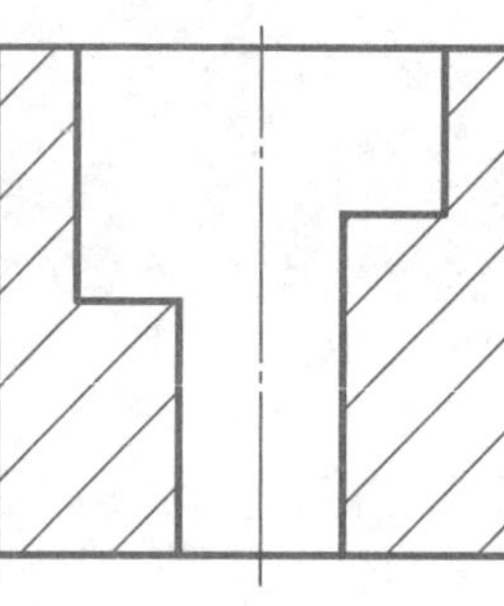
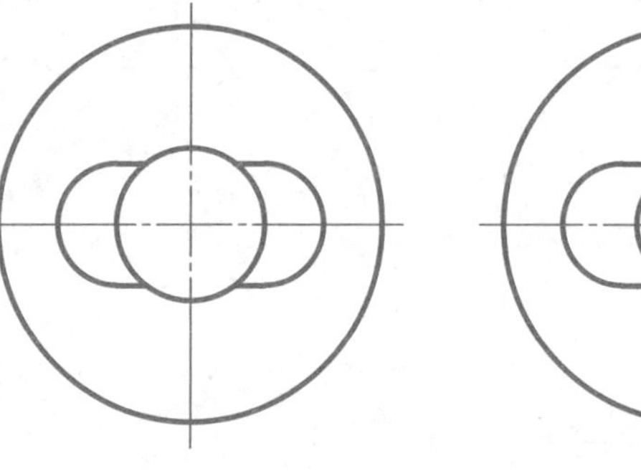
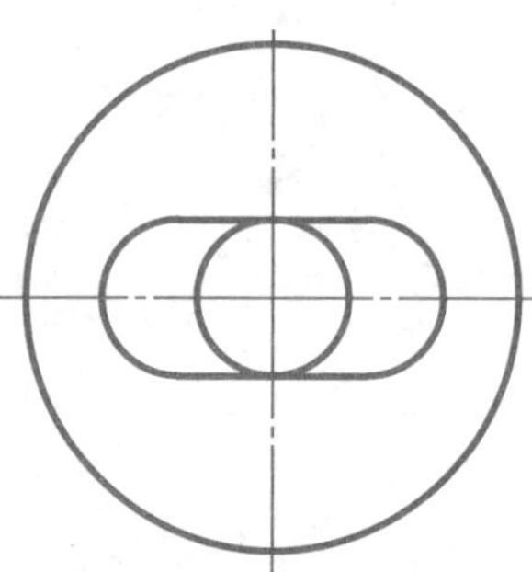

4.

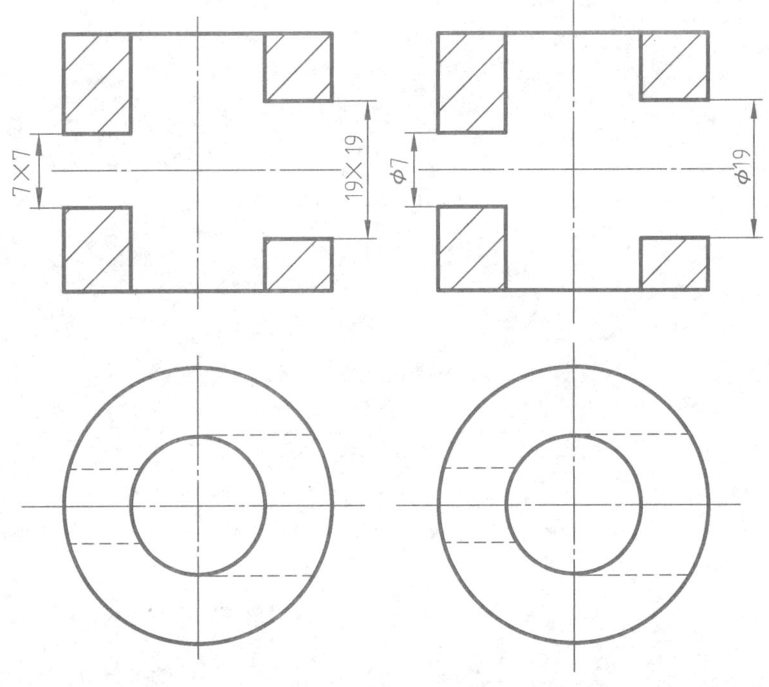


5.

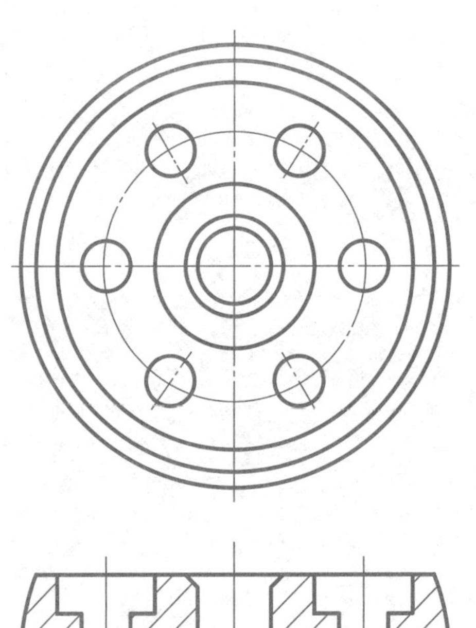
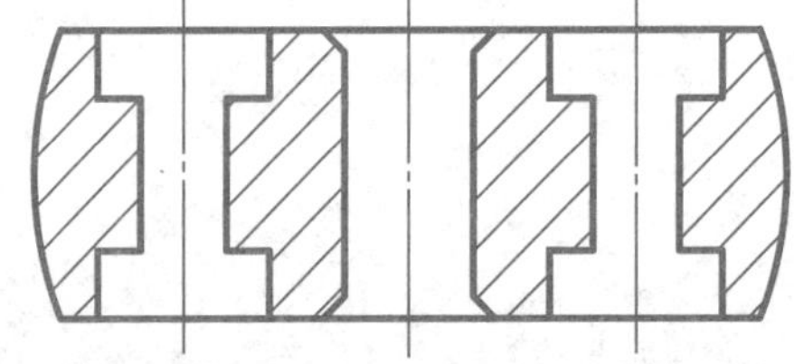

6.

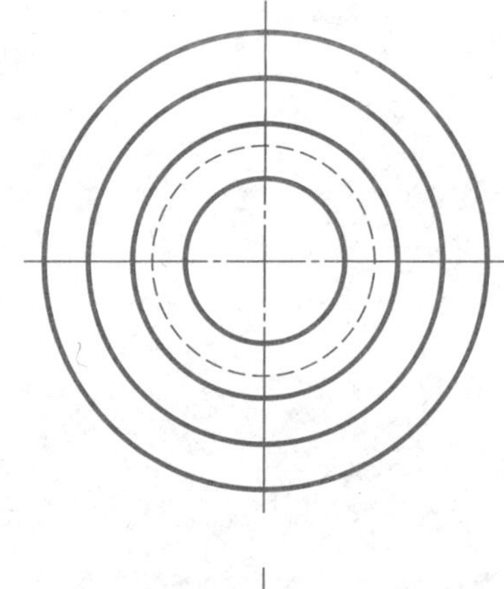
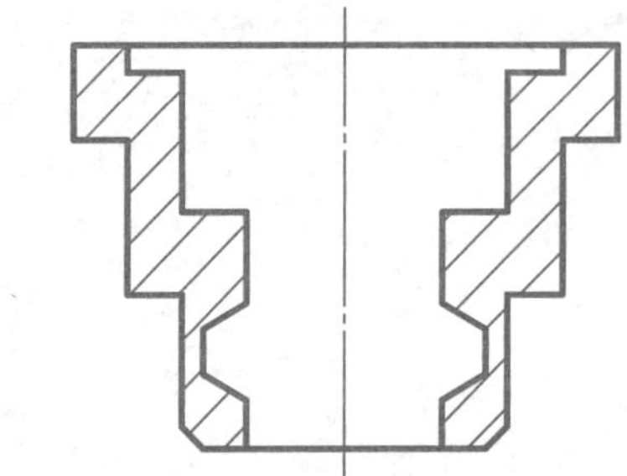

班级：　　　　姓名：　　　　学号：

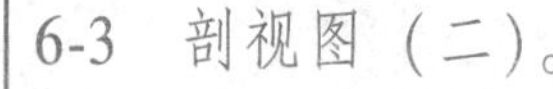

## 6-3 剖视图（二）。

7. 将图示机件的主视图在指定位置改画成全剖视图。

（1）

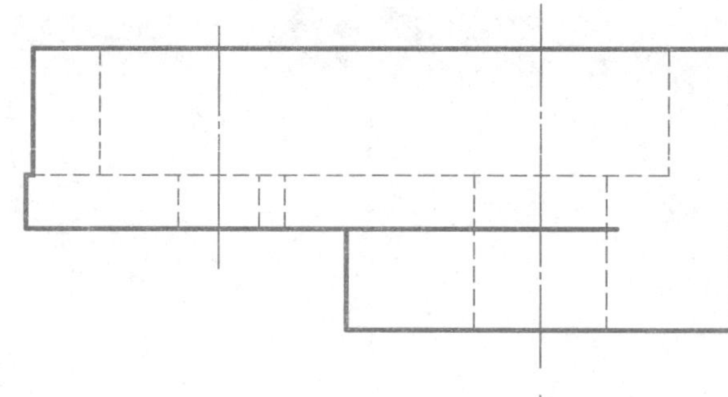

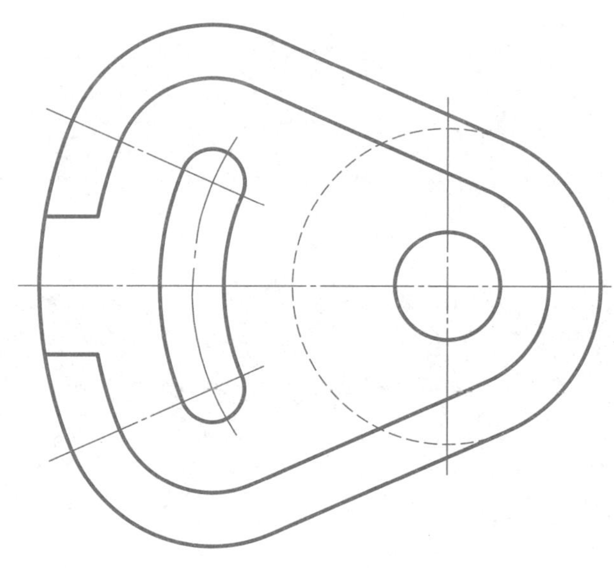

（2）

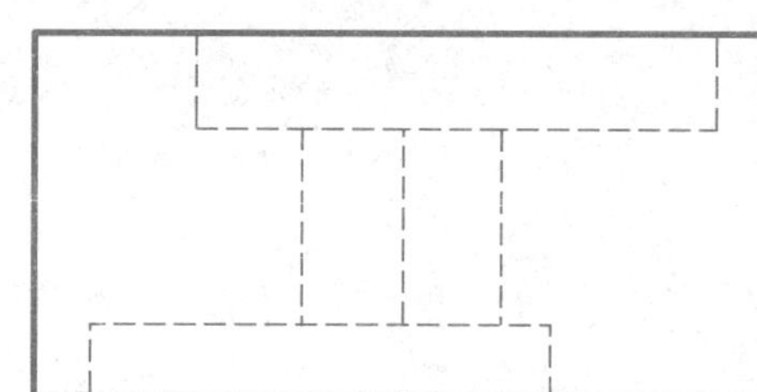

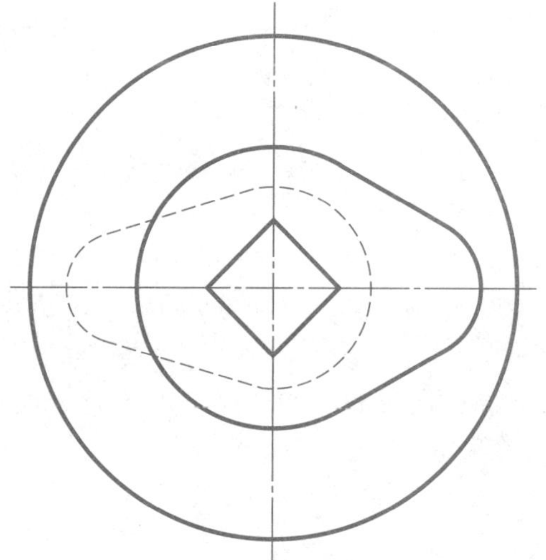

8. 求作机件的左视全剖视图。

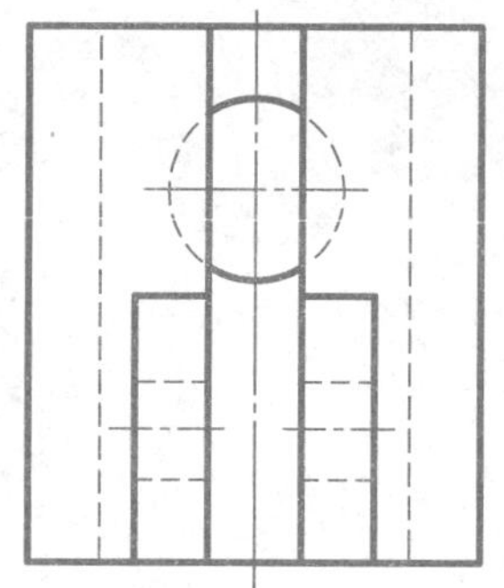

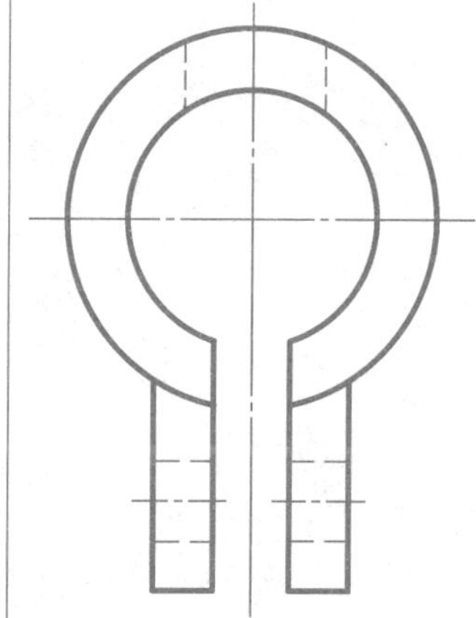

## 6-4 剖视图（三）。

9. 求作机件的左视全剖视图。

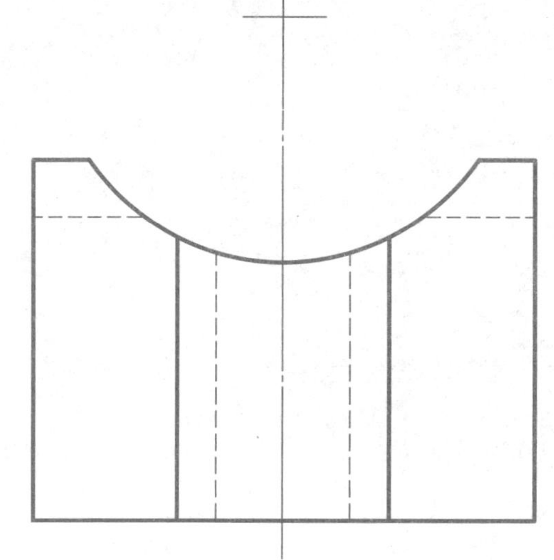

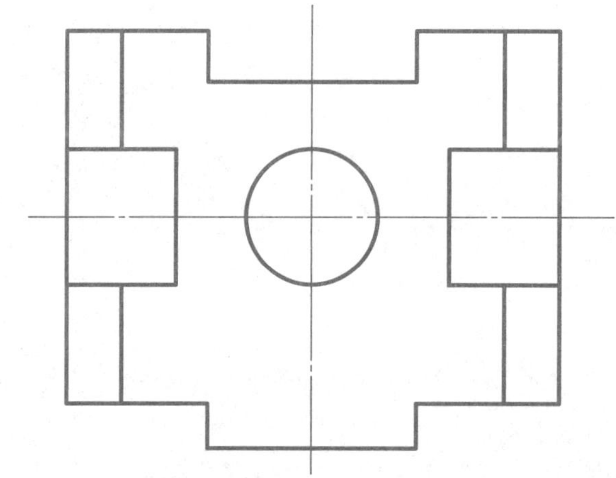

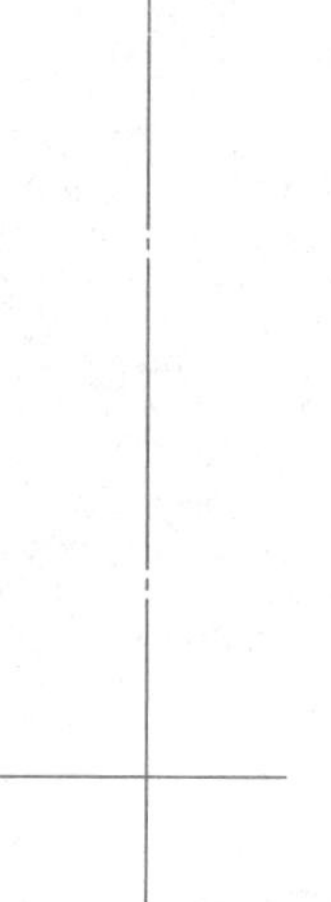

10. 画出 C—C 全剖视图。

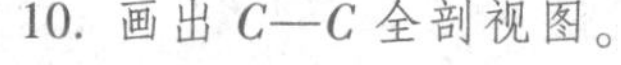


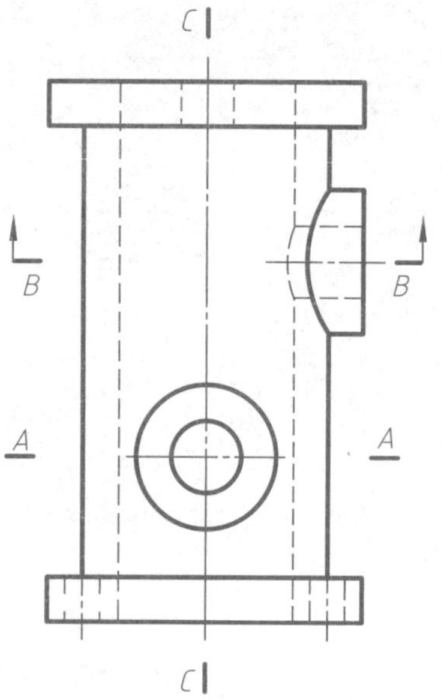


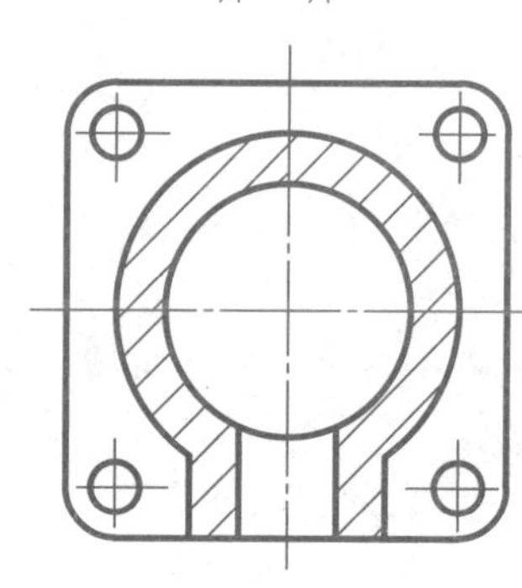


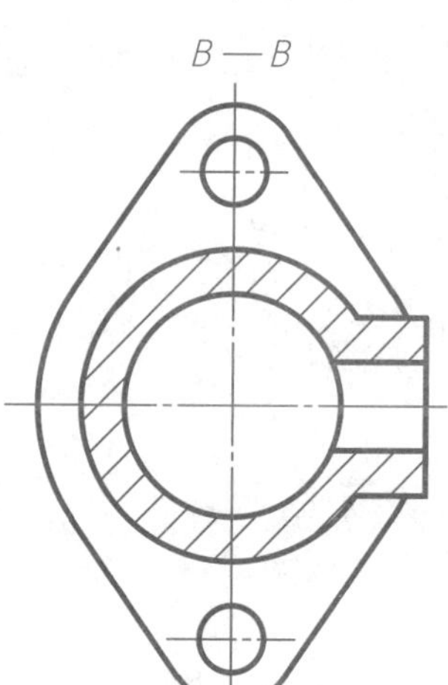

## 6-5 剖视图（四）。

11. 将图示机件的主、左视图在指定位置画成全剖视图。(二)

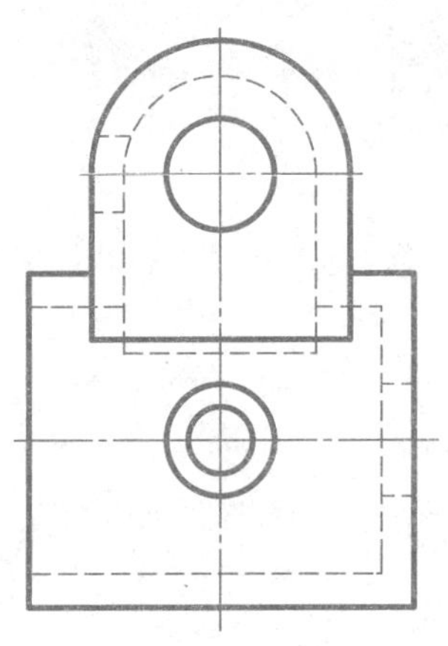
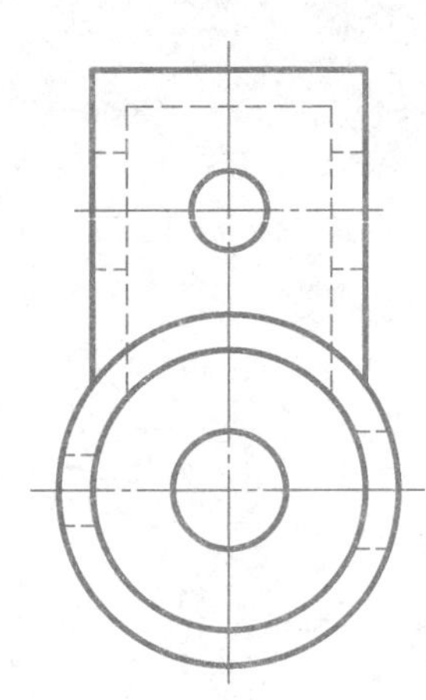
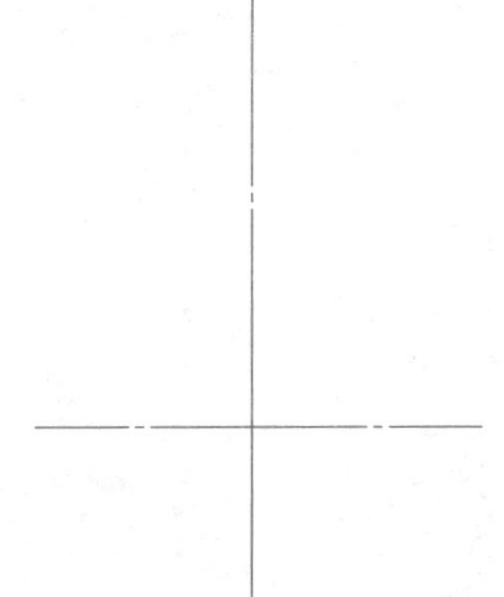
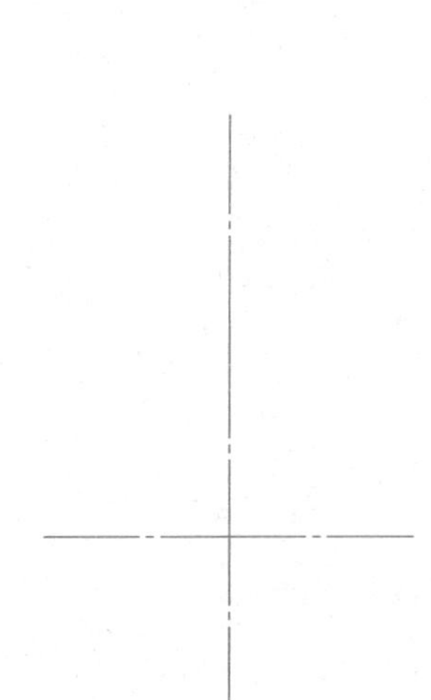

12. 在指定位置，将图示机件的主视图画成半剖视图，左视图画成全剖视图，并标注尺寸（从图中直接量取并取整）。(二)

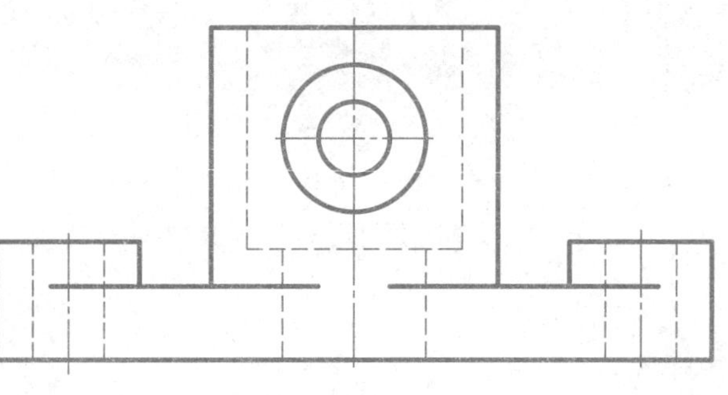
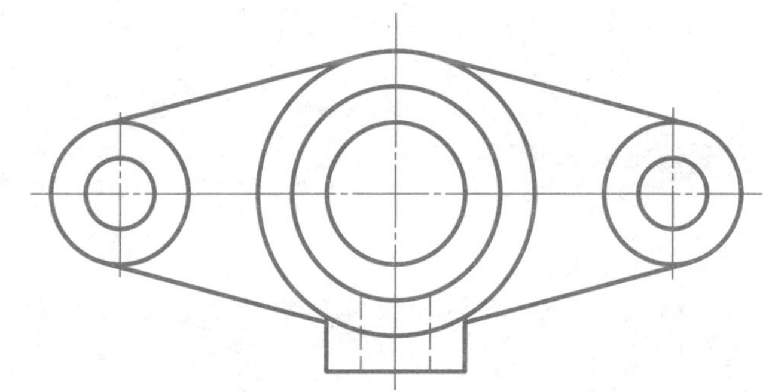

## 6-6　剖视图（五）。

13. 在指定位置将主视图改画成半剖视图，左视图画成全剖视图。

（1）

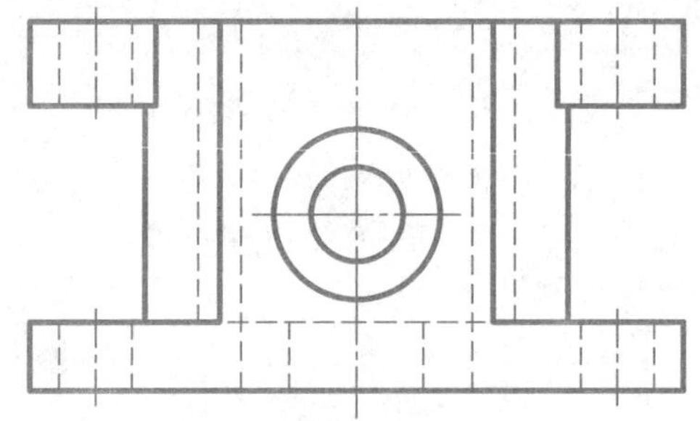

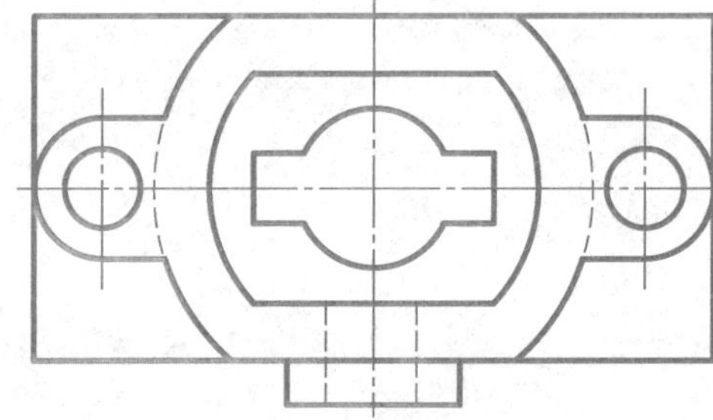

（2）

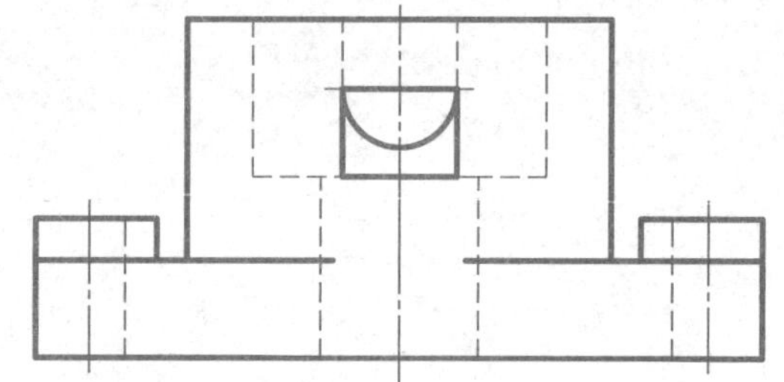

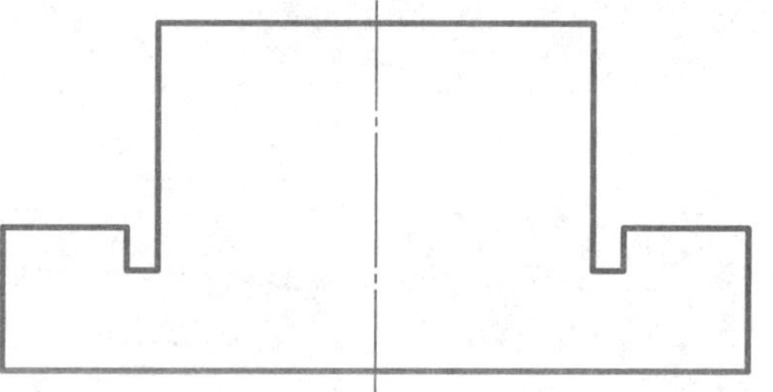

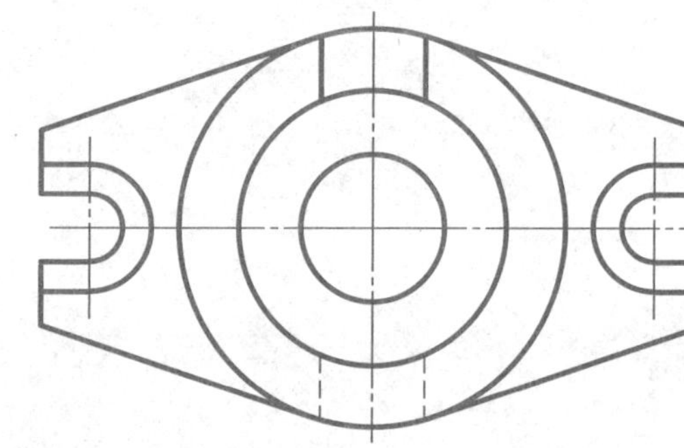

6-7 剖视图（六）。

14. 将主视图改画成适当剖视图，并将左视图画成全剖视图。

（1）

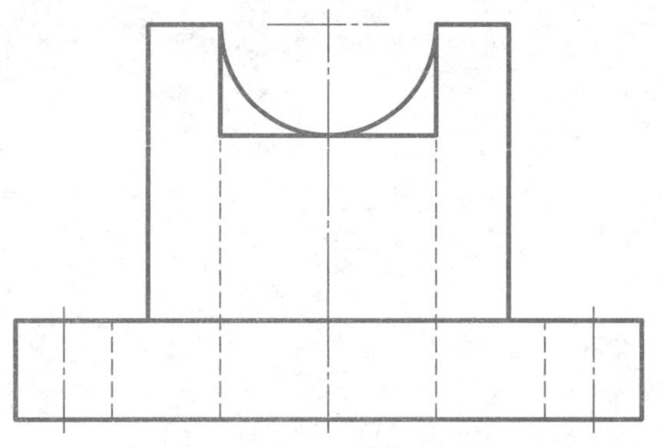

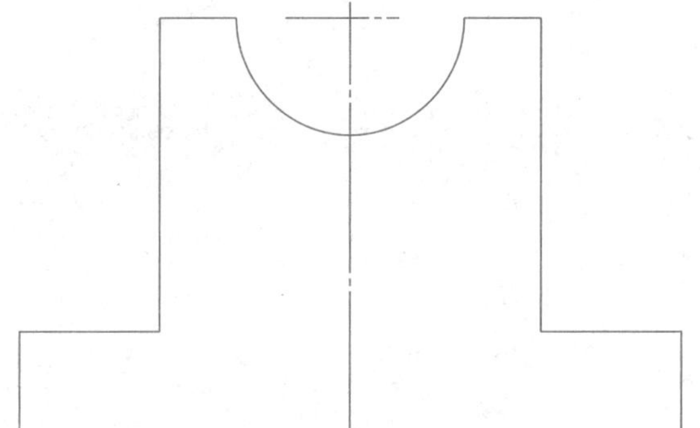

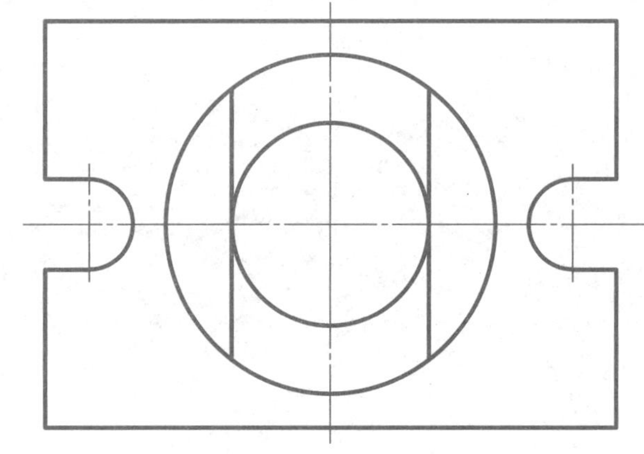

（2）

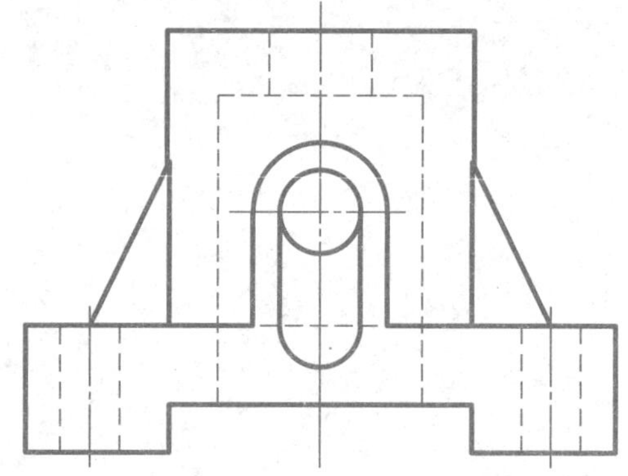

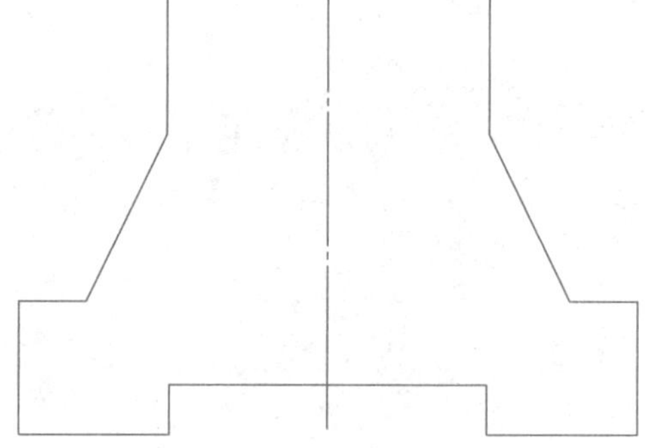

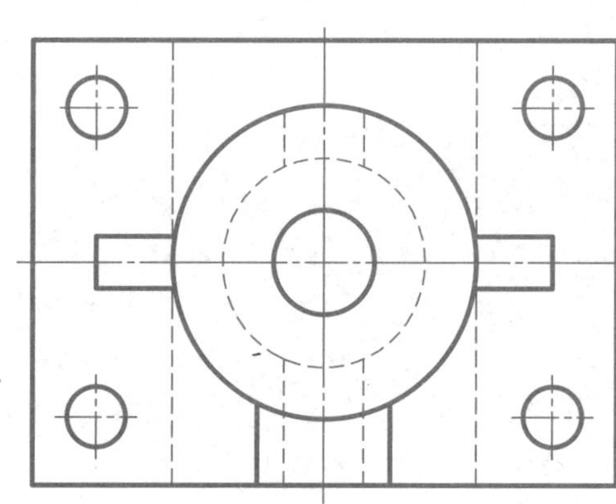

## 6-8 剖视图（七）。

15. 在指定位置将图示的主、俯视图画成局部剖视图。

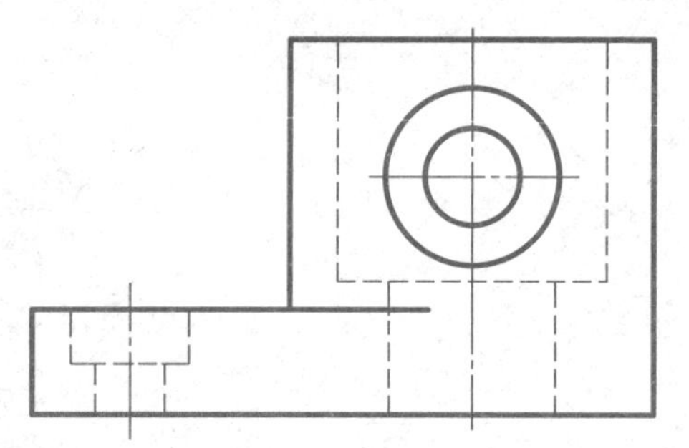

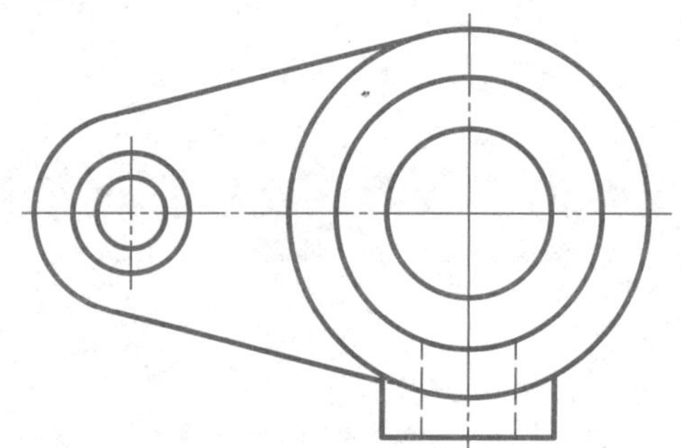

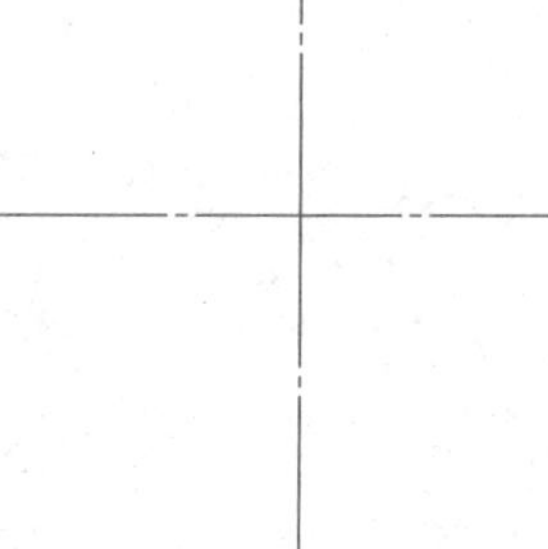

16. 在指定位置将图示的主、俯视图画成局部剖视图。

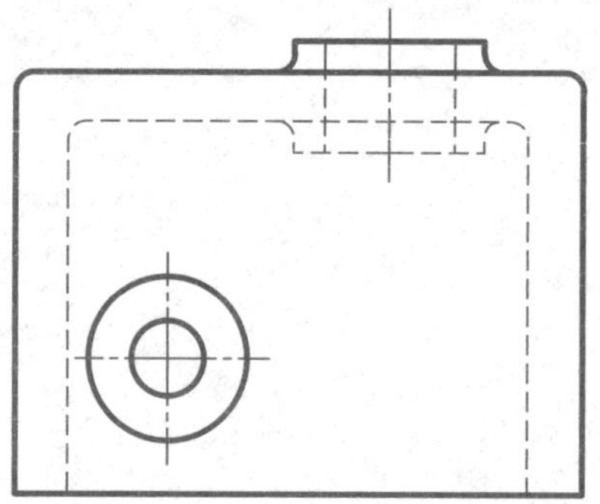

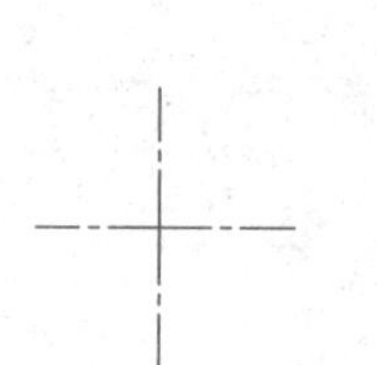

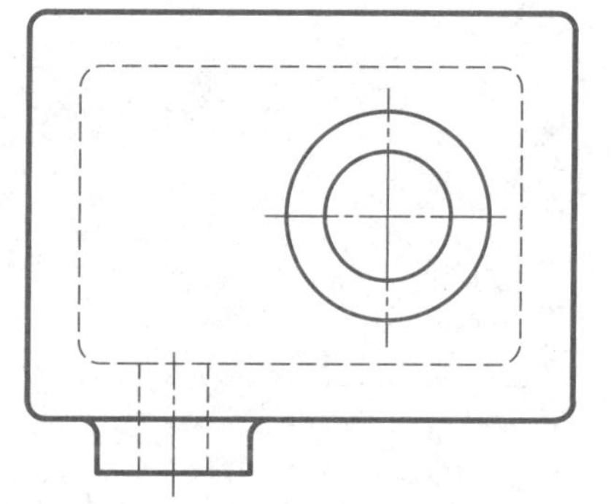

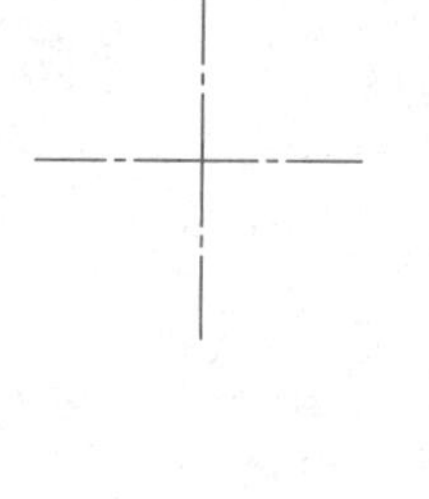

班级：　　　　　　姓名：　　　　　　学号：

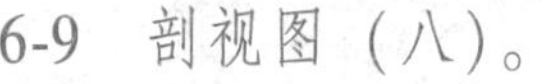

## 6-9 剖视图（八）。

17. 用几个平行剖切平面剖切机件，画出全剖视图。

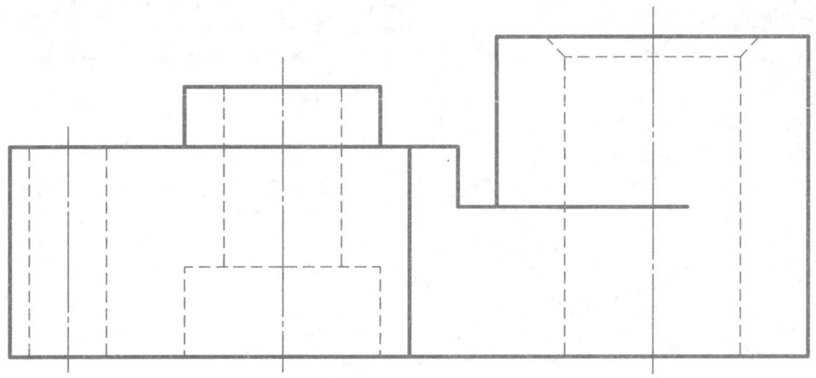

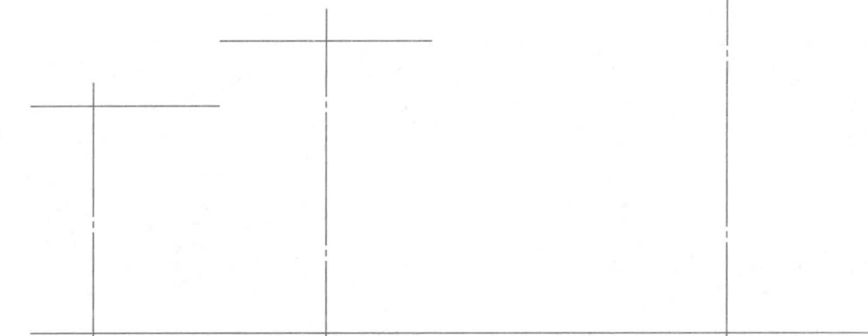

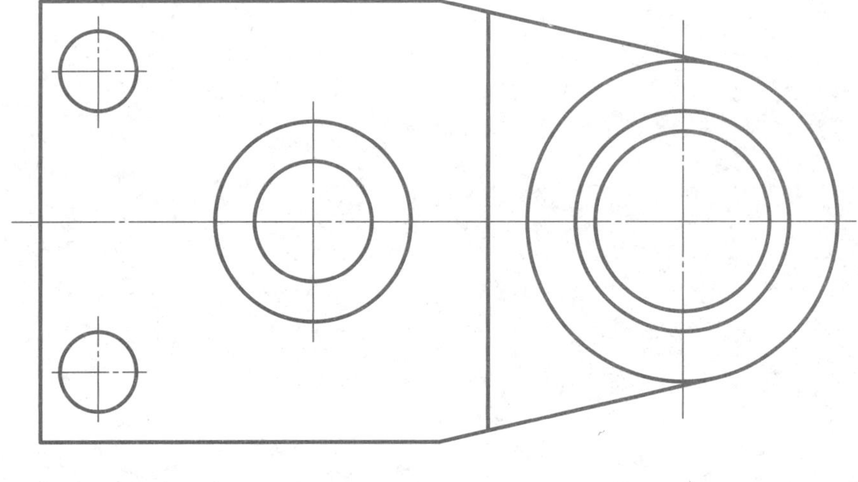

18. 用几个相交剖切平面剖切机件，画出全剖视图。

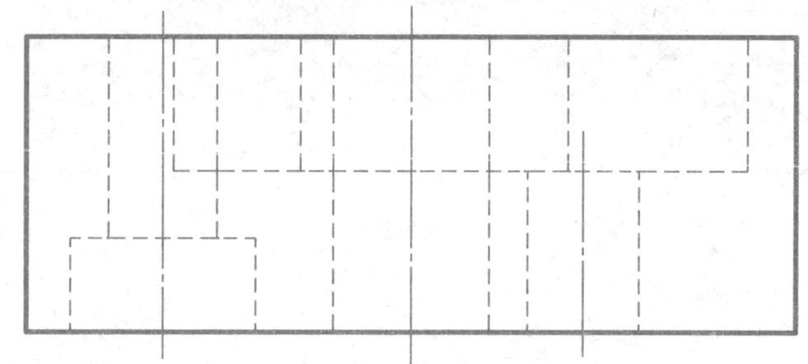

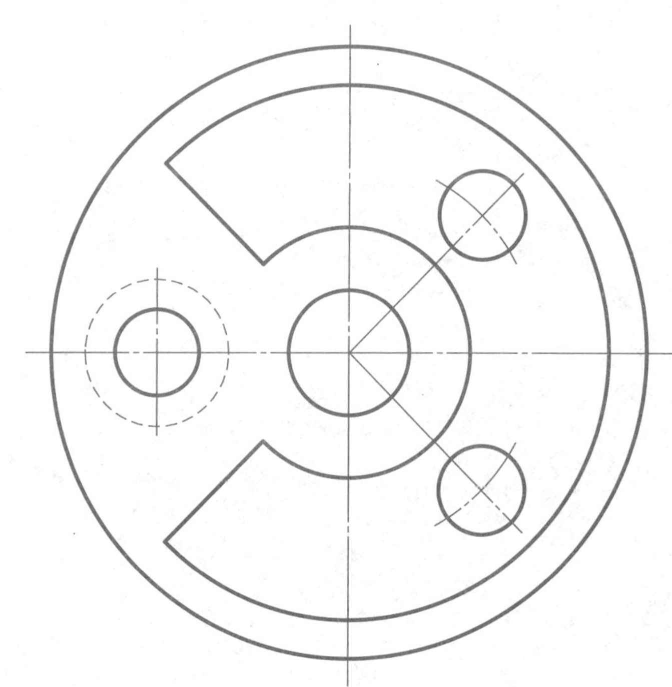

## 6-10　剖视图（九）。

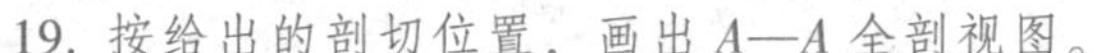

19. 按给出的剖切位置，画出 *A—A* 全剖视图。

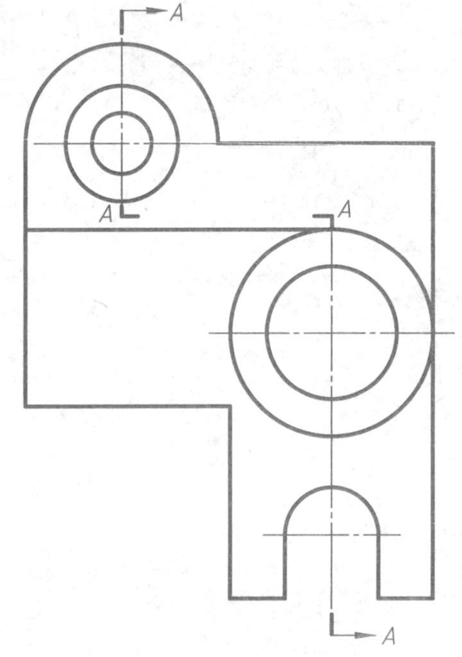


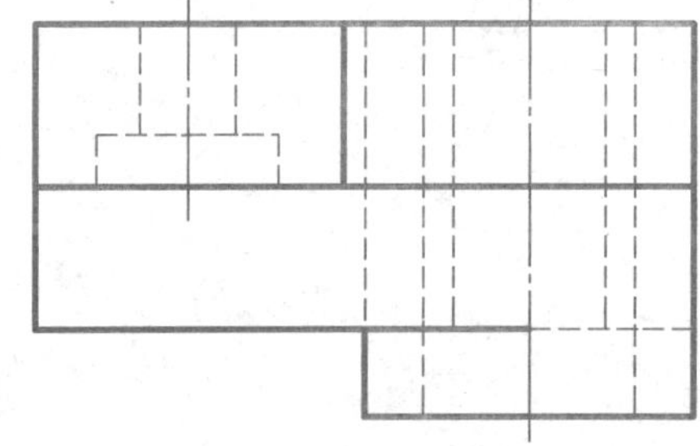

20. 在指定位置将主视图画成 *A—A* 全剖视图。

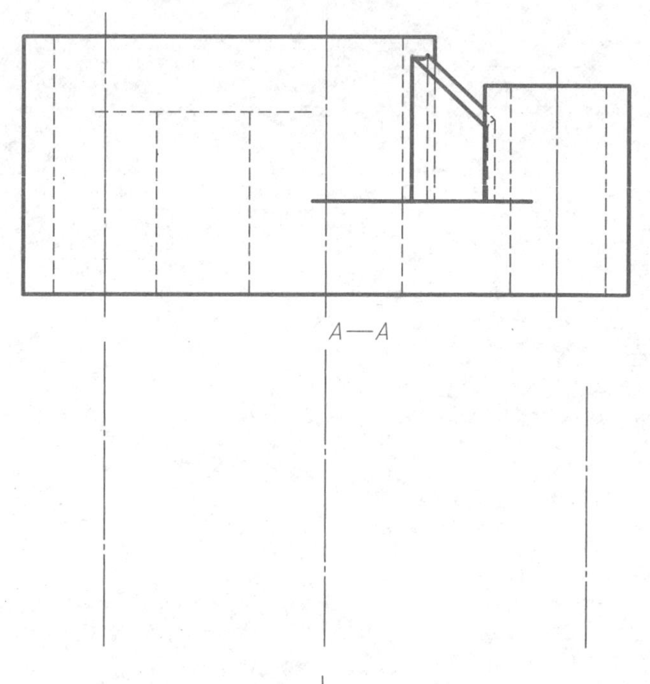


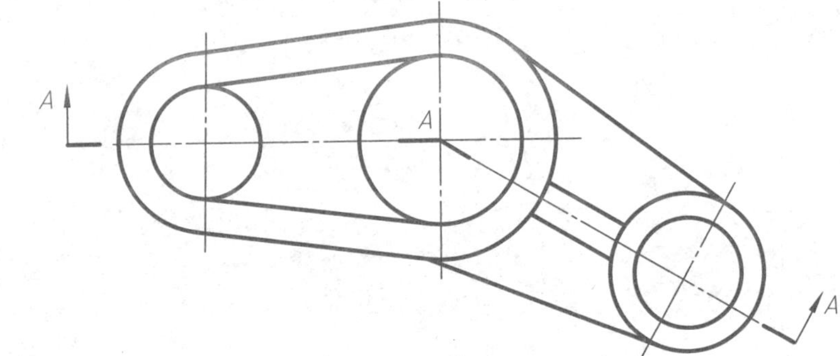

## 6-11 剖视图（十）。

21. 按剖视的省略画法，在指定位置将机件的主视图改画成全剖视图。

22. 将左边主、俯视图所示的机件，在右边用指定剖视图来表达：将主视图改画成半剖视图加局部剖视图，俯视图画 *A*—*A* 剖视图。

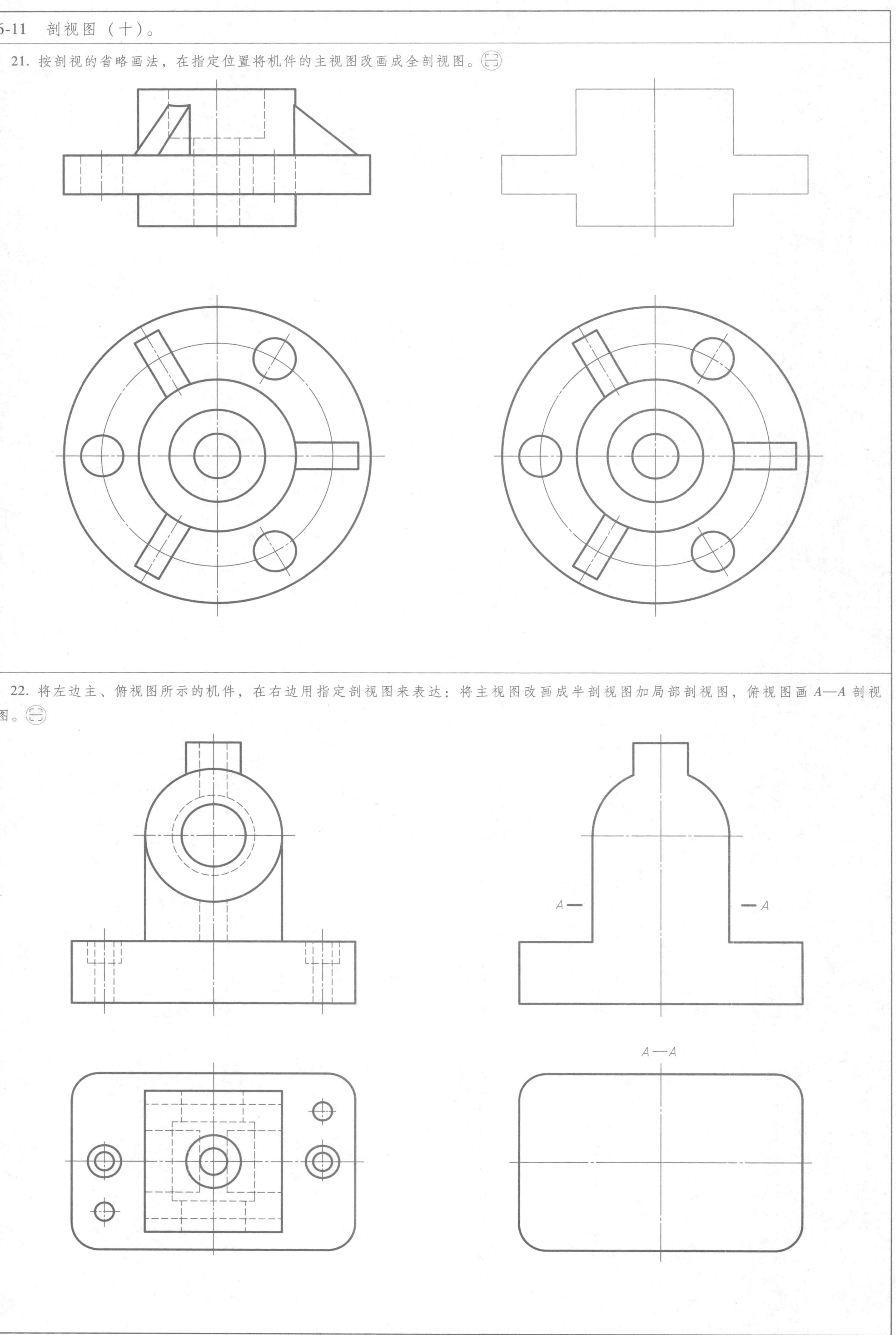

班级：　　　　姓名：　　　　学号：

## 6-12 剖视图（十一）。

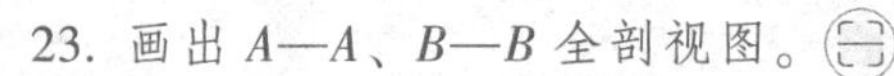

23. 画出 *A—A*、*B—B* 全剖视图。

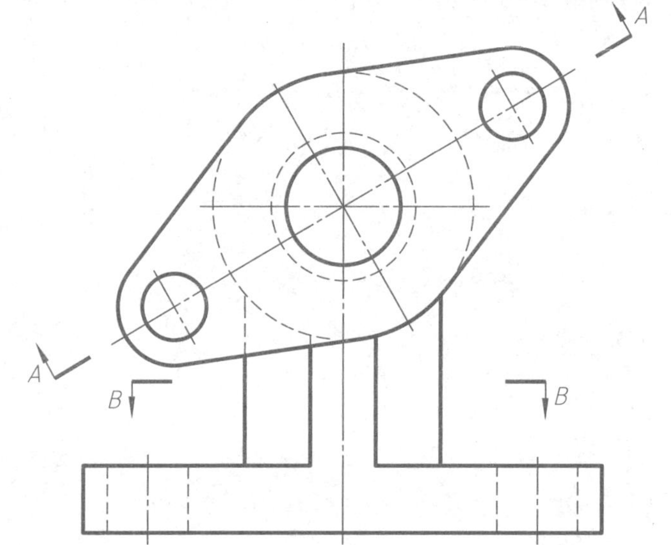


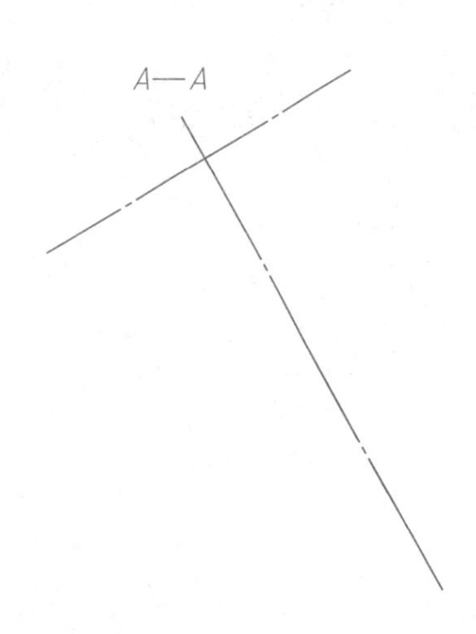


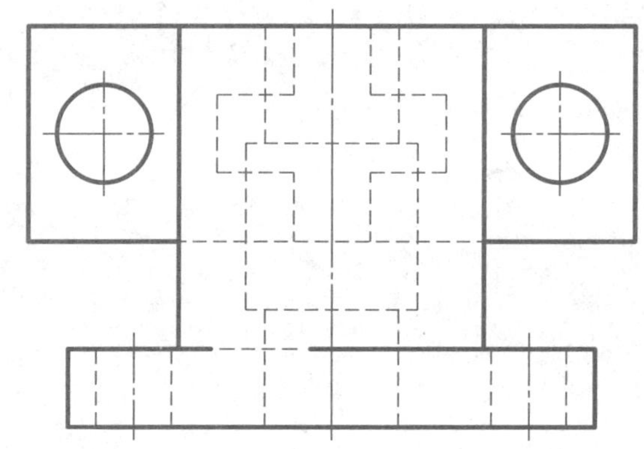

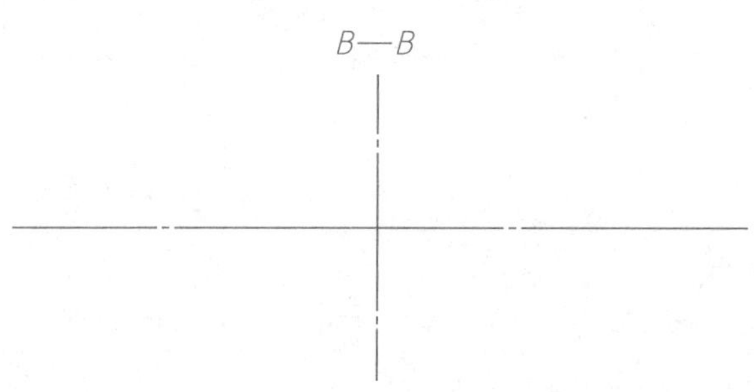


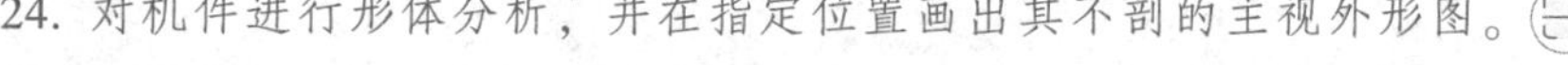

24. 对机件进行形体分析，并在指定位置画出其不剖的主视外形图。

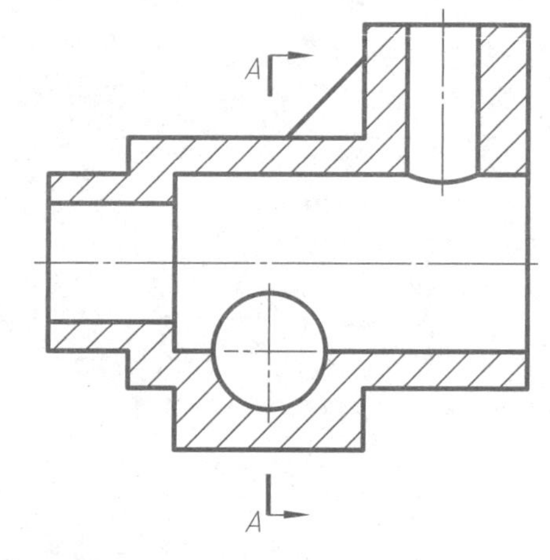


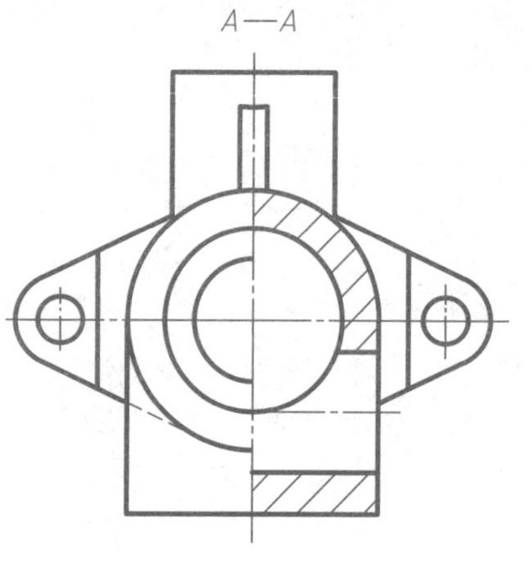


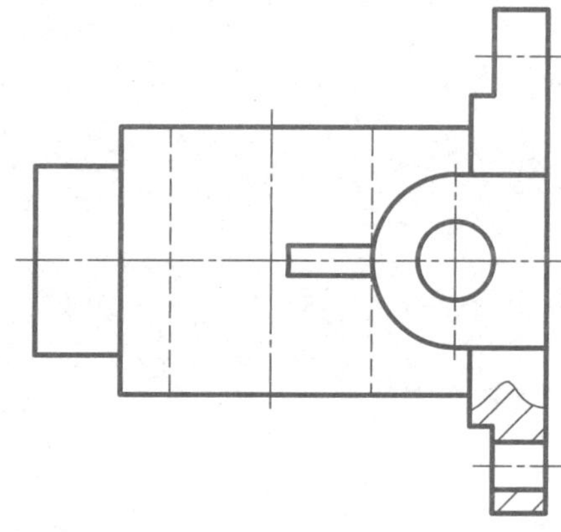

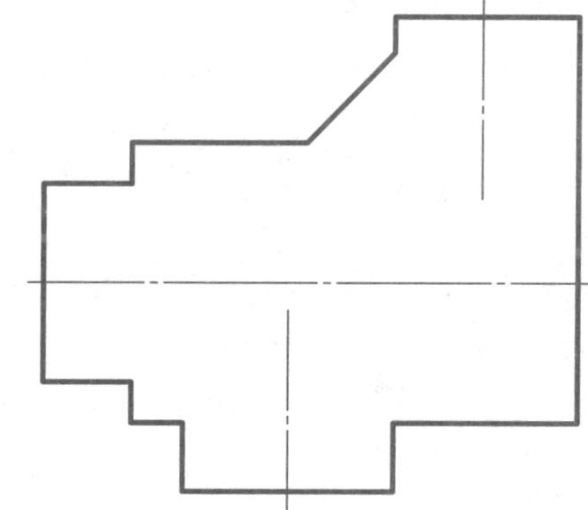

## 6-13 断面图。

1. 在指定位置绘制断面图（注：轴上的左键槽深 4.5mm，其下方有 90°锥坑，右方半圆键键槽宽 6mm，轴中间为圆孔）。

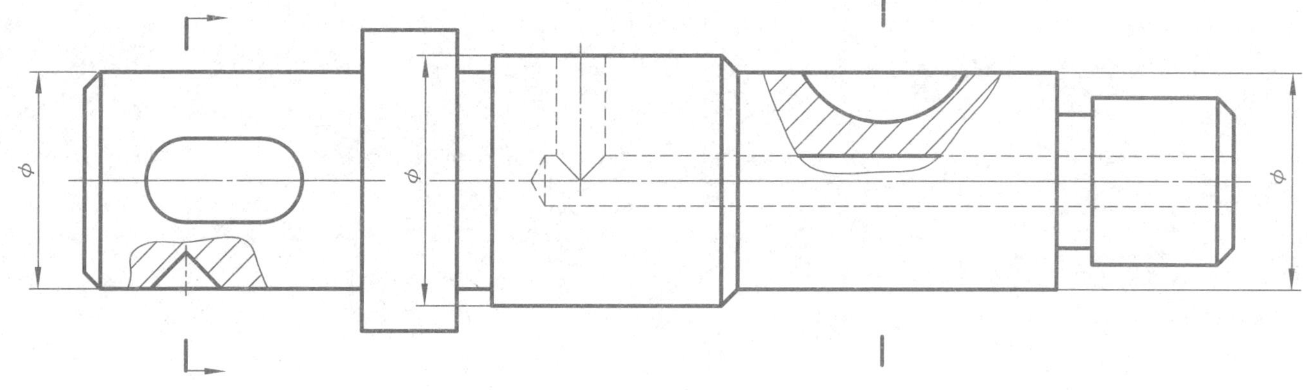

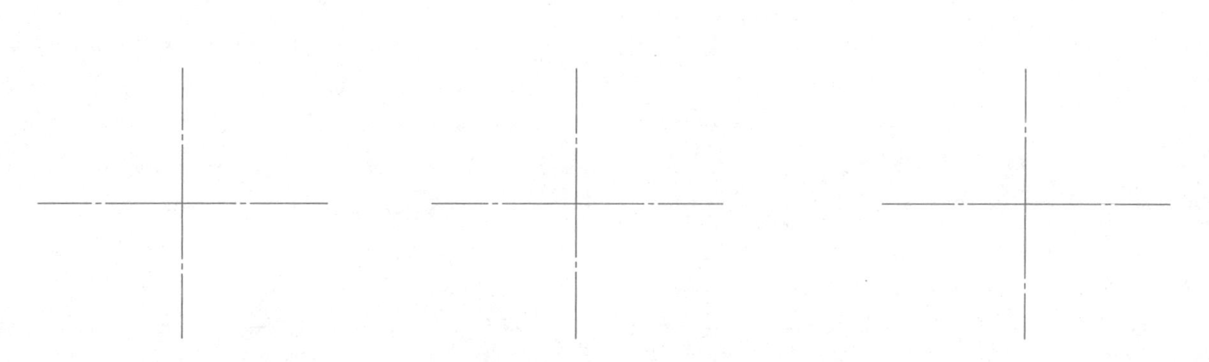

2. 绘制指定的剖切位置断面图。

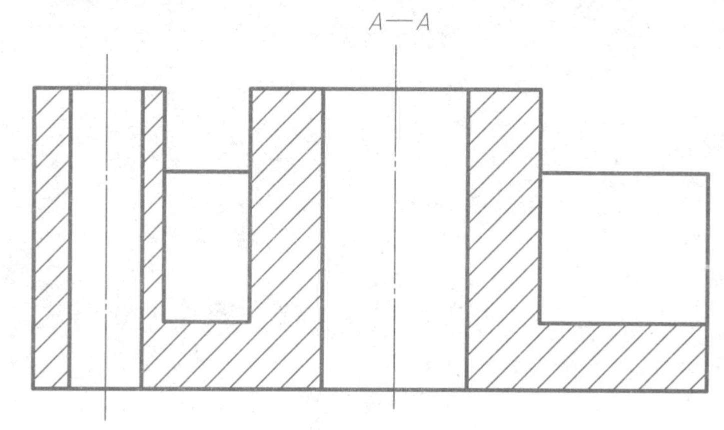


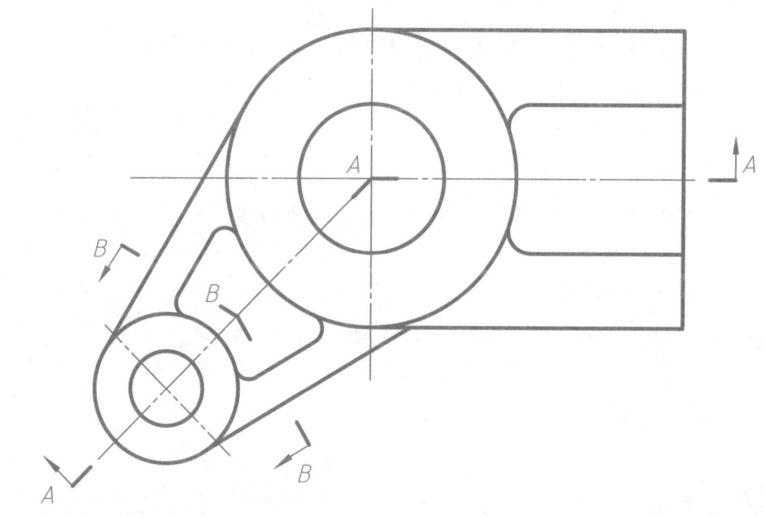

## 6-14　表达方法的综合应用（一）。

1. 将主视图取适当剖视，且作出左视全剖视图，并标注尺寸（用 A3 图纸，比例 1∶1）。

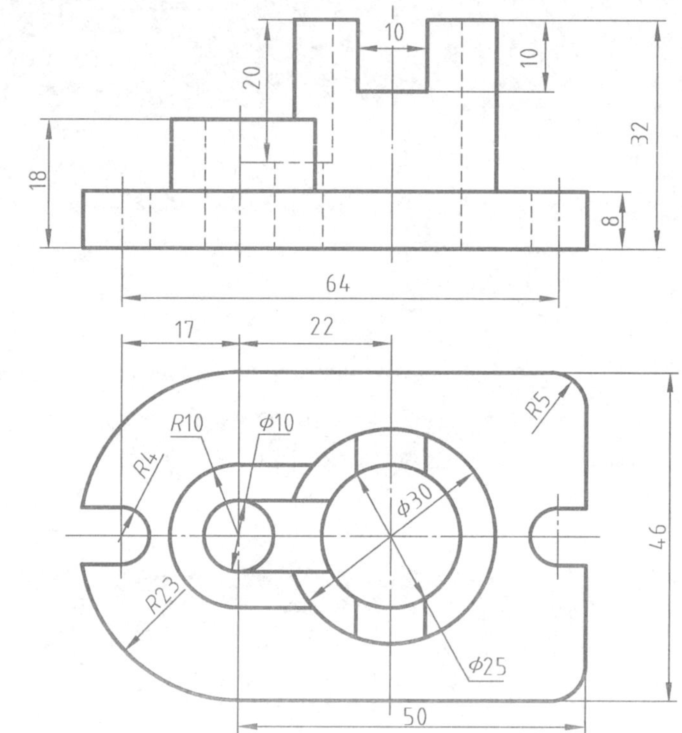


2. 将主视图取适当剖视，且作出左视全剖视图，并标注尺寸（徒手绘草图，再用 AutoCAD 绘制正式图）。

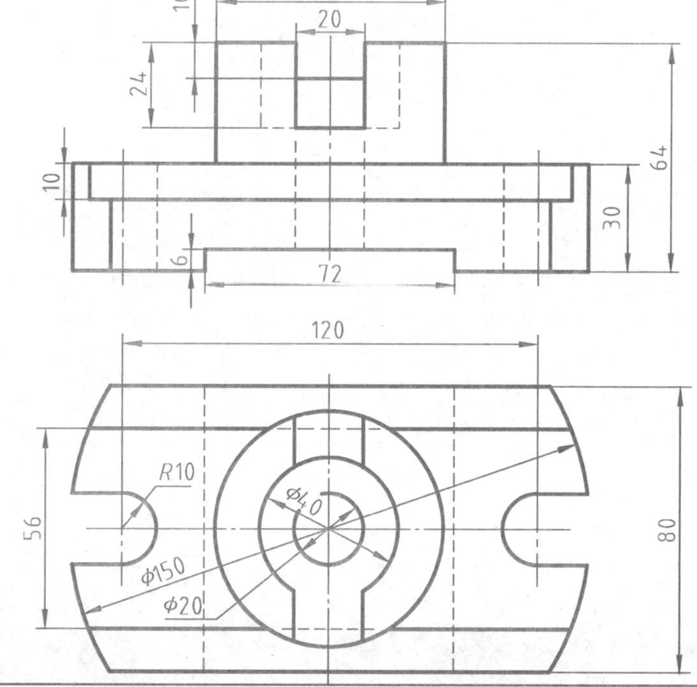


3. 已知主、俯两视图，补画左视图。选择最优表达方案，在 A3 图纸上按 1∶1 的比例绘图，并标注尺寸。

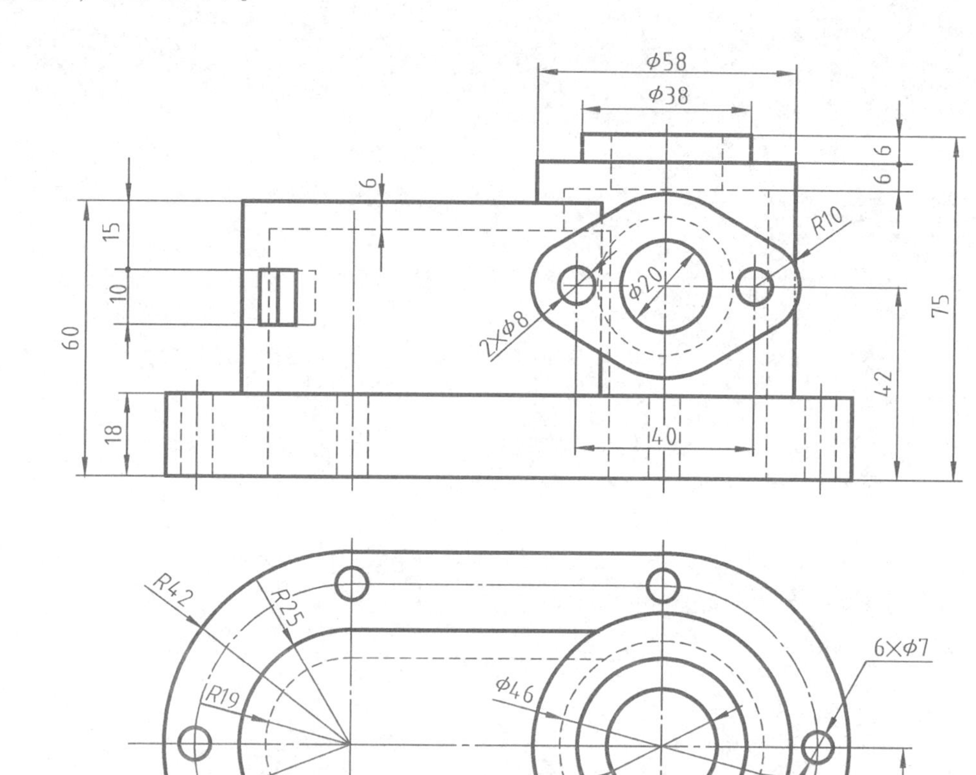

## 6-15 表达方法的综合应用（二）。

4. 已知主、俯两视图，补画左视图。选择最优表达方案，在 A3 图纸上按 1∶1 的比例绘图，并标注尺寸。

5. 已知主、俯两视图，补画左视图。选择最佳表达方案，在 A3 图纸上按 1∶1 的比例绘图，并标注尺寸。

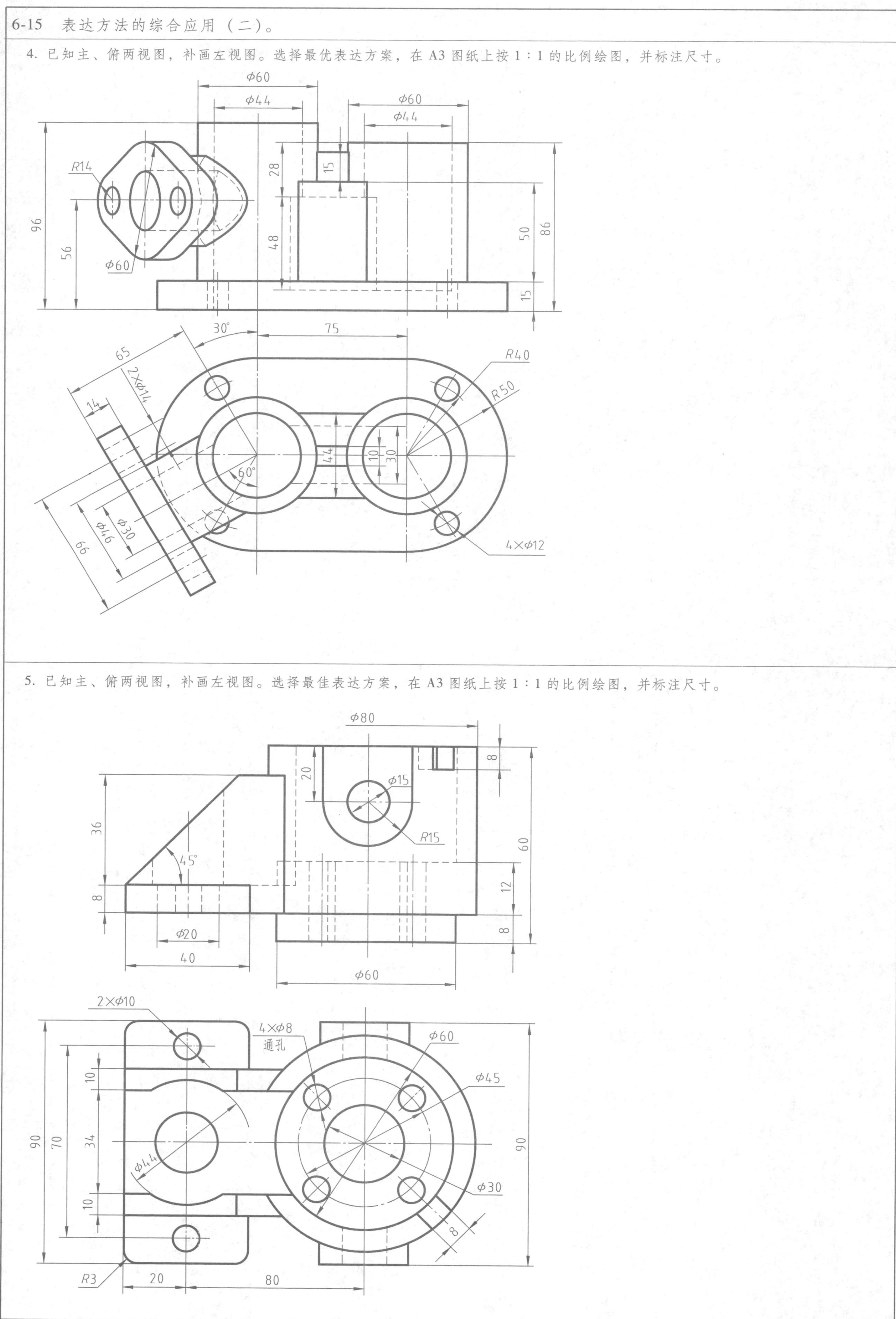

班级：　　　　姓名：　　　　学号：

7-1　螺纹。

1. 分析下列螺纹画法上的错误，并在其下方指定位置画出正确的图。

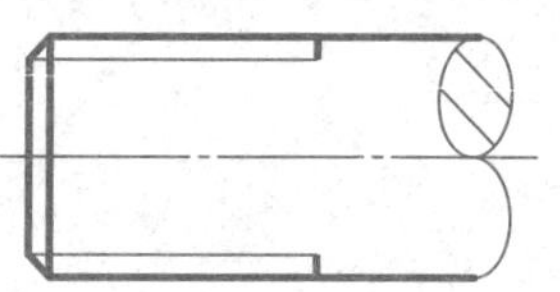

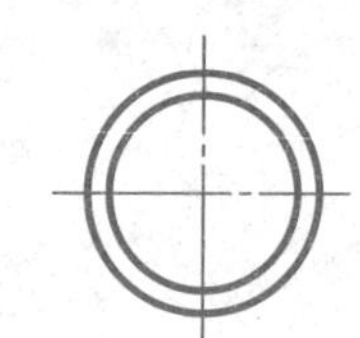

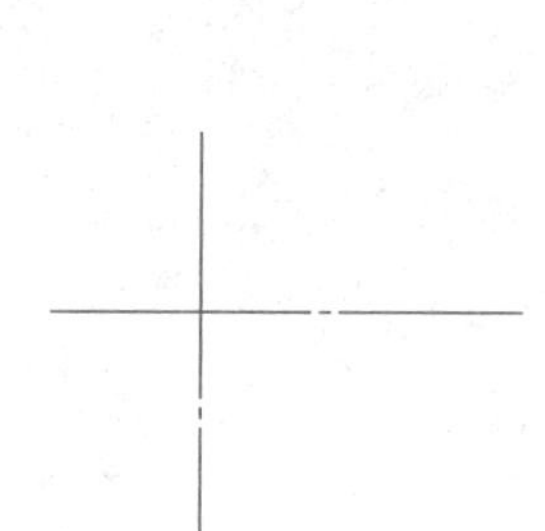

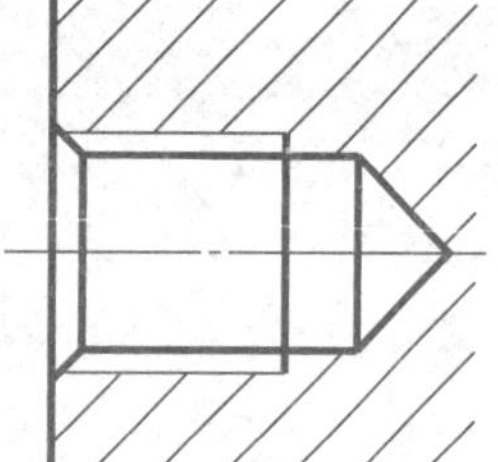

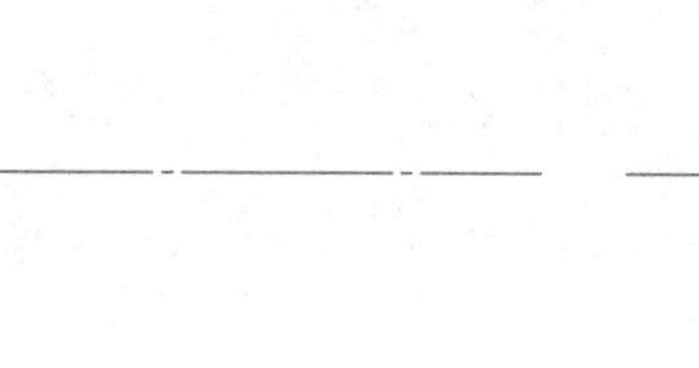

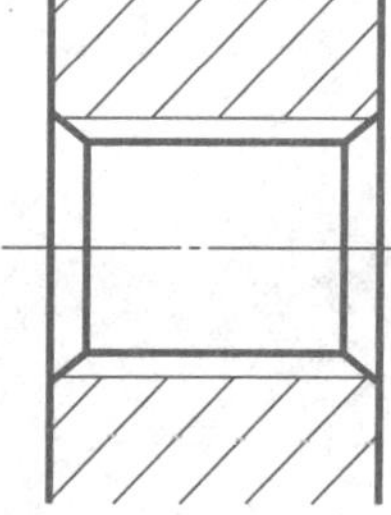

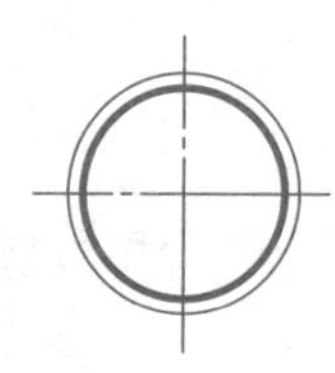

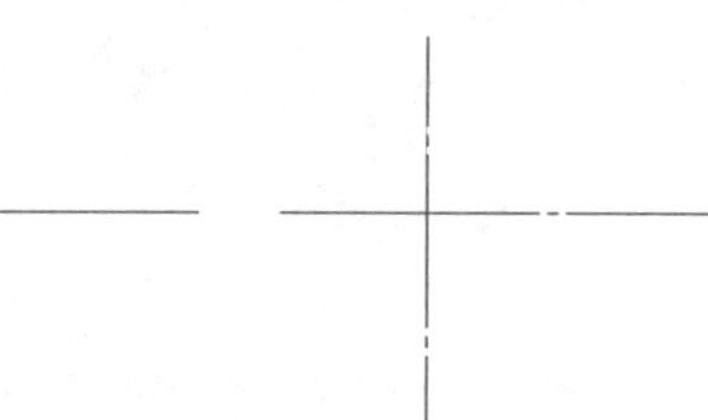

2. 分析下列错误画法，并将正确的图形画在下边的空白处。

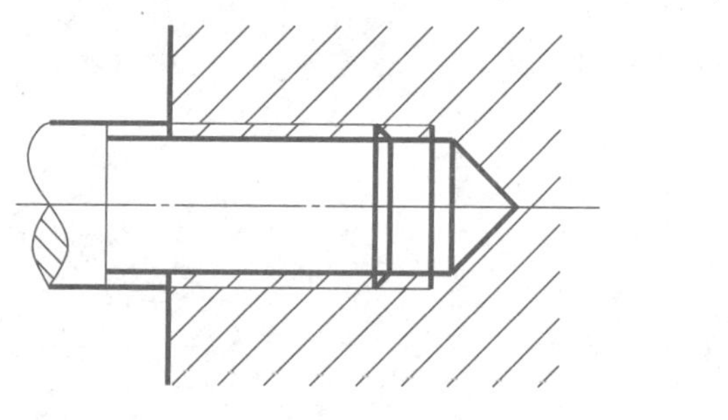

3. 分析下列错误画法，并将正确的图形画在下边的空白处。

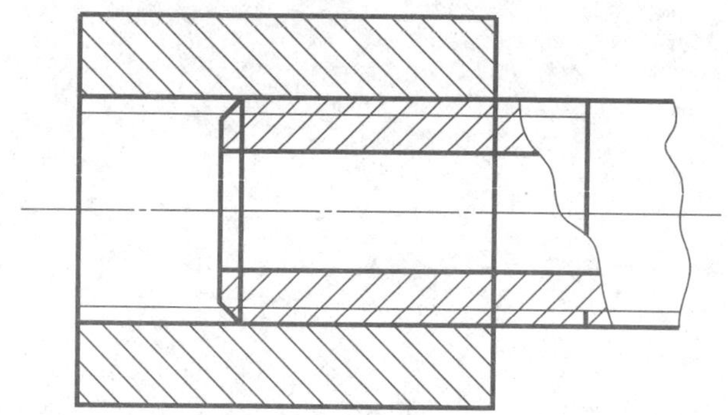

班级：　　　　姓名：　　　　学号：

## 7-2 常用螺纹紧固件的规定标记及其连接画法（一）。

1. 螺纹标注。

（1）细牙普通螺纹，公称直径20mm，螺距为1mm，右旋，中径、大径的公差带代号相同，均为6h，中等旋合长度。

（2）55°非密封管螺纹，公称直径为1/2，公差等级为A级，左旋。

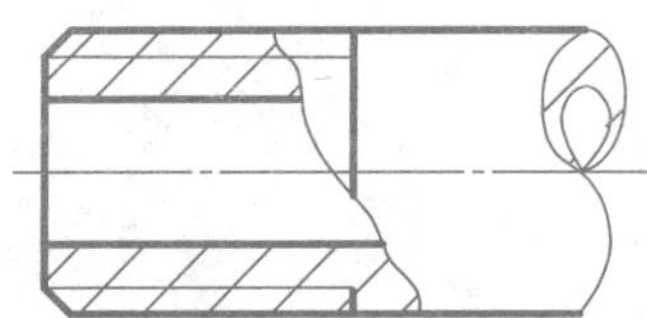

（3）梯形螺纹，公称直径为32mm，导程为12mm，双线，右旋，中径公差带代号为8E，中旋合长度。

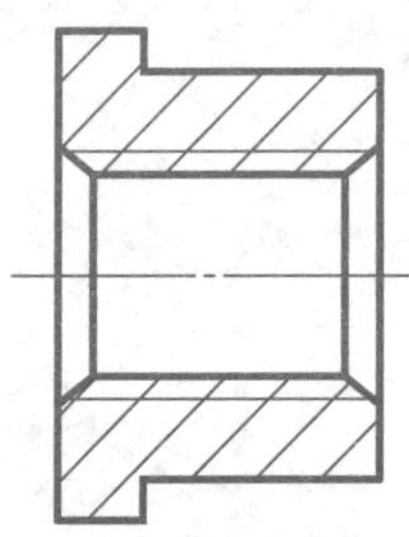

2. 根据所给的条件，注出下列螺纹紧固件的尺寸，并写出其规定标记。

（1）六角头螺栓（GB/T 5782—2016）粗牙普通螺纹，螺纹规格为M12，公称长度55mm。

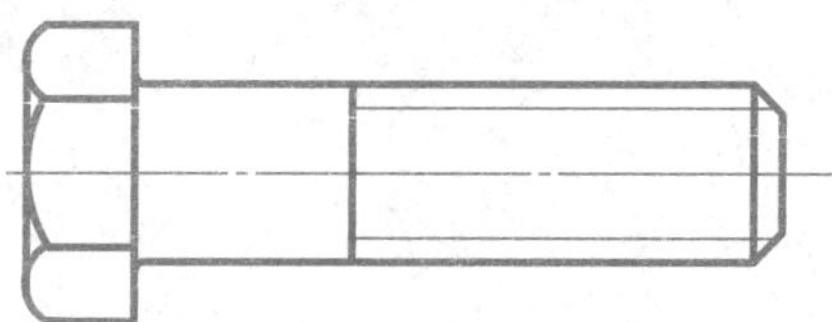

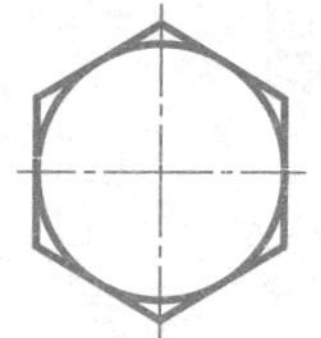

标记：________________

（2）按B型制造的双头螺柱（GB/T 897—1988），两端均为粗牙普通螺纹，螺纹规格为M12，公称长度45mm。

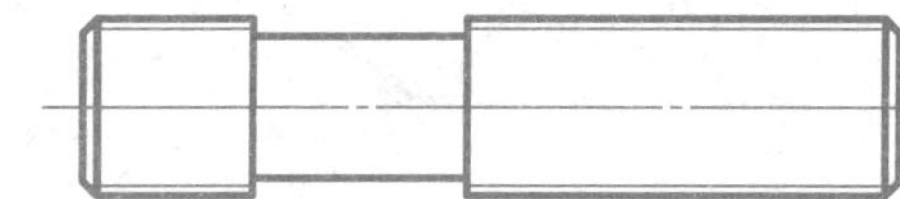

标记：________________

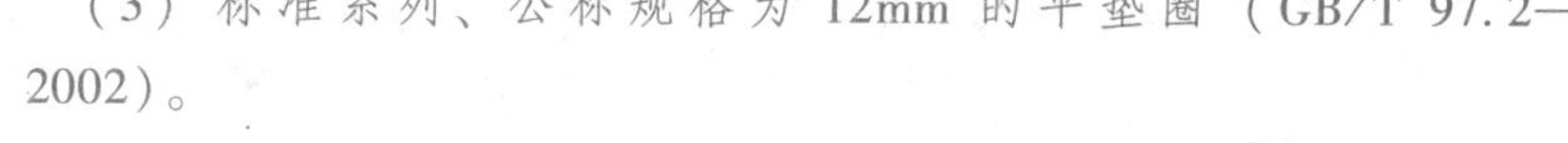

（3）标准系列、公称规格为12mm的平垫圈（GB/T 97.2—2002）。

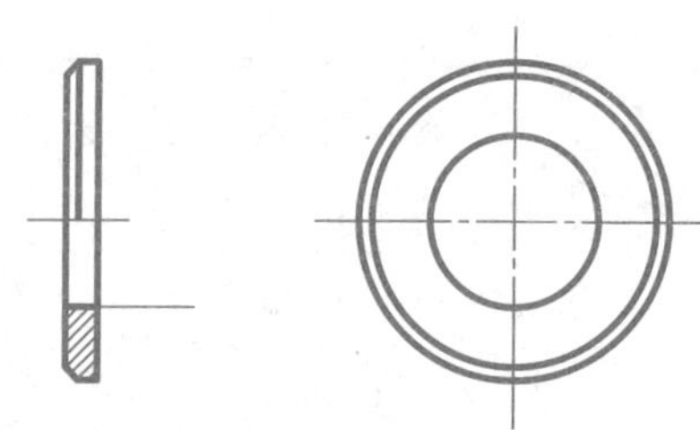

标记：________________

（4）圆柱头螺钉（GB/T 65—2016），粗牙普通螺纹，螺纹规格为M10，公称长度40mm。

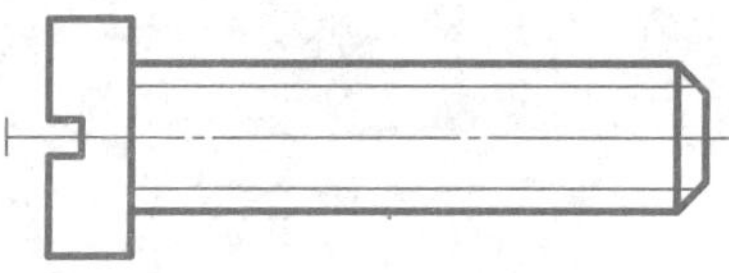

标记：________________

（5）六角螺母（GB/T 6172.1—2016），粗牙普通螺纹，螺纹规格为M12。

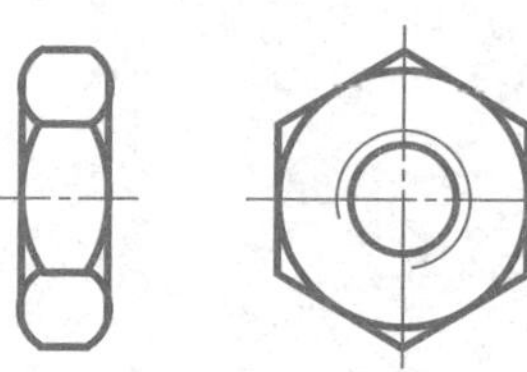

标记：________________

## 7-3　常用螺纹紧固件的规定标记及其连接画法（二）。

3. 按给定条件画出螺纹紧固件连接图（采用比例画法）。

（1）螺栓连接（采用简化画法，主视图全剖，俯视图不剖）。

被连接件厚度 $t_1=16$mm，$t_2=20$mm；

螺栓　GB/T 5782 M12×$L$（$L$ 根据计算值，查表之后取标准值）；

螺母　GB/T 6170 M12；

垫圈　GB/T 97.1 12。

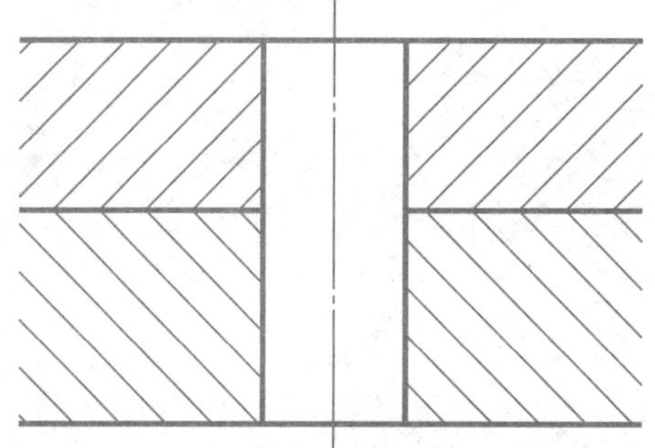

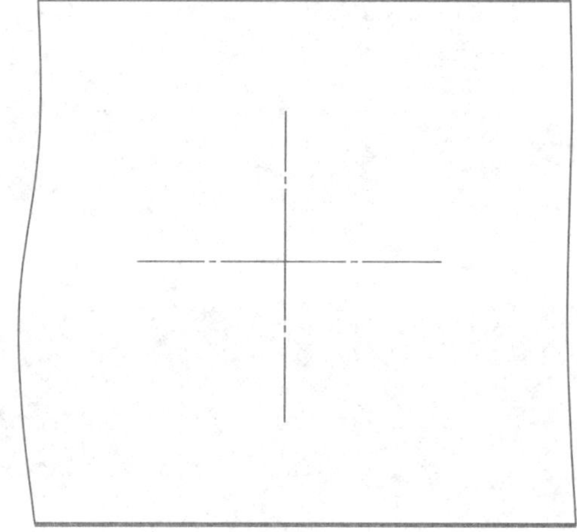

（2）双头螺柱连接（采用简化画法，主视图全剖，俯视图不剖）。

较薄被连接件厚度 $t_1=16$mm，较厚被连接件材料为钢；

螺柱　GB/T 898 M16×$L$（$L$ 根据计算值，查表之后取标准值）；

螺母　GB/T 6170 M16；

垫圈　GB/T 97.1 16。

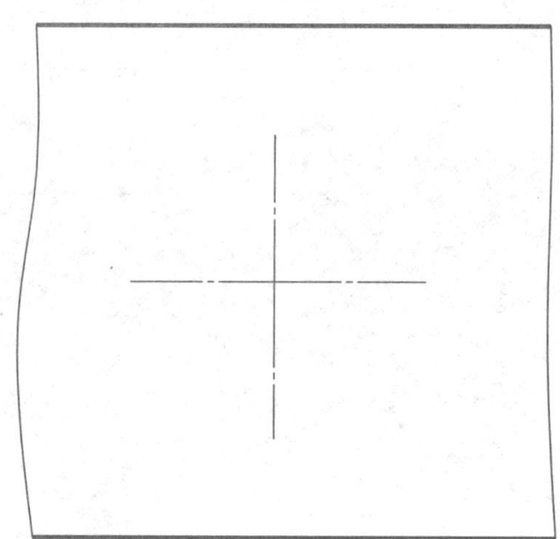

（3）螺钉连接（采用简化画法，主视图全剖，俯视图不剖）。

较薄被连接件厚度 $t_1=16$mm，较厚被连接件材料为铸铁；

螺钉　GB/T 67 M16×$L$（$L$ 根据计算值，查表之后取标准值）。

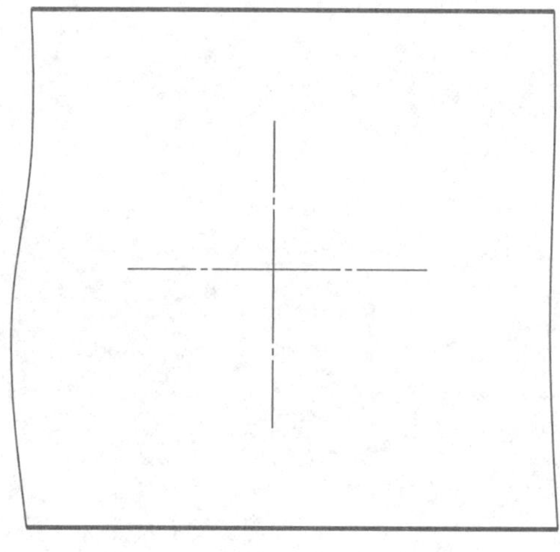

## 7-4 键和销（一）。

1. 已知齿轮和轴，用A型普通平键连接，轴孔直径为24mm，键宽$b=6$mm，键的长度为22mm，写出键的标记。

键的标记：______ ______ ______

（1）完成键槽的断面图（查表），并标注键槽尺寸。（2）补全齿轮轮毂的视图，并标注键槽尺寸。

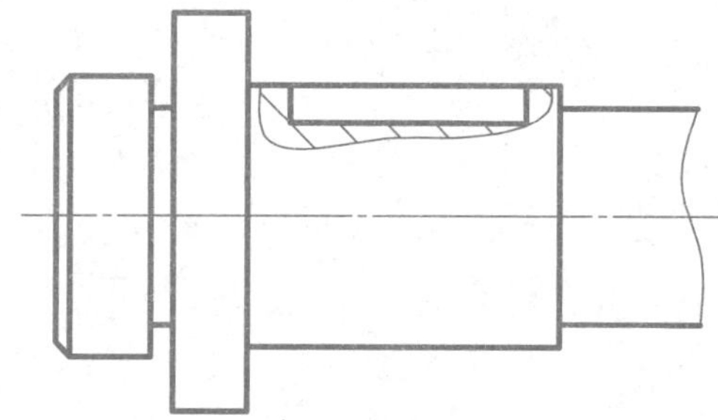

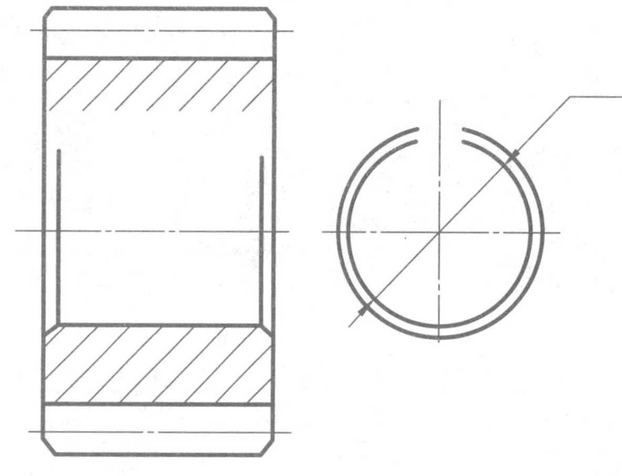

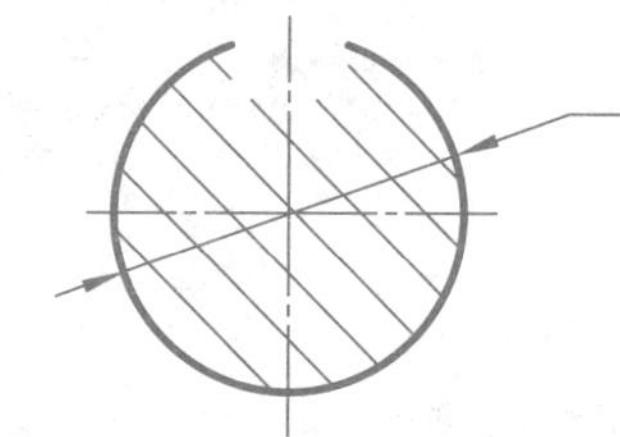

（3）完成轴和齿轮之间用普通平键连接的装配图。

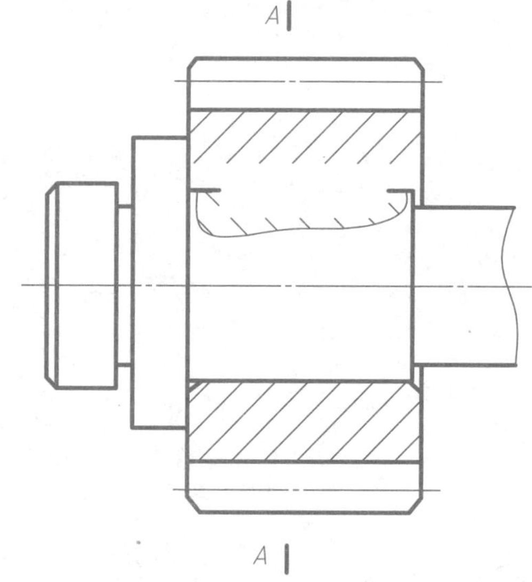


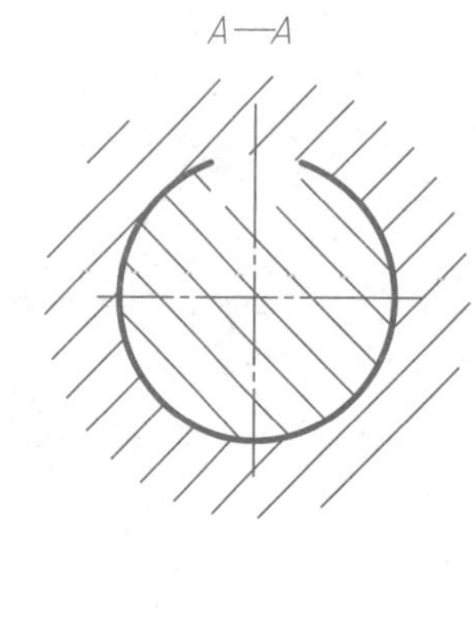


2. 已知齿轮和轴，用圆柱销（GB/T 119.1）连接，轴孔直径为5mm，完成其连接画法，并写出销的标记。

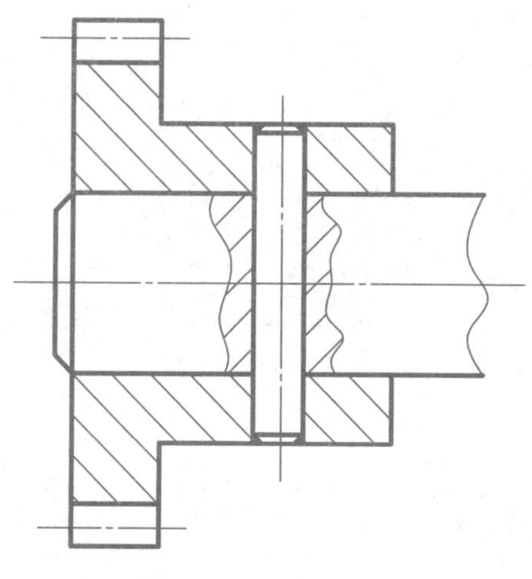

销的标记：______ ______ ______

班级： 姓名： 学号：

7-5 键和销（二）：在A3图纸上完成联轴器连接的画法。

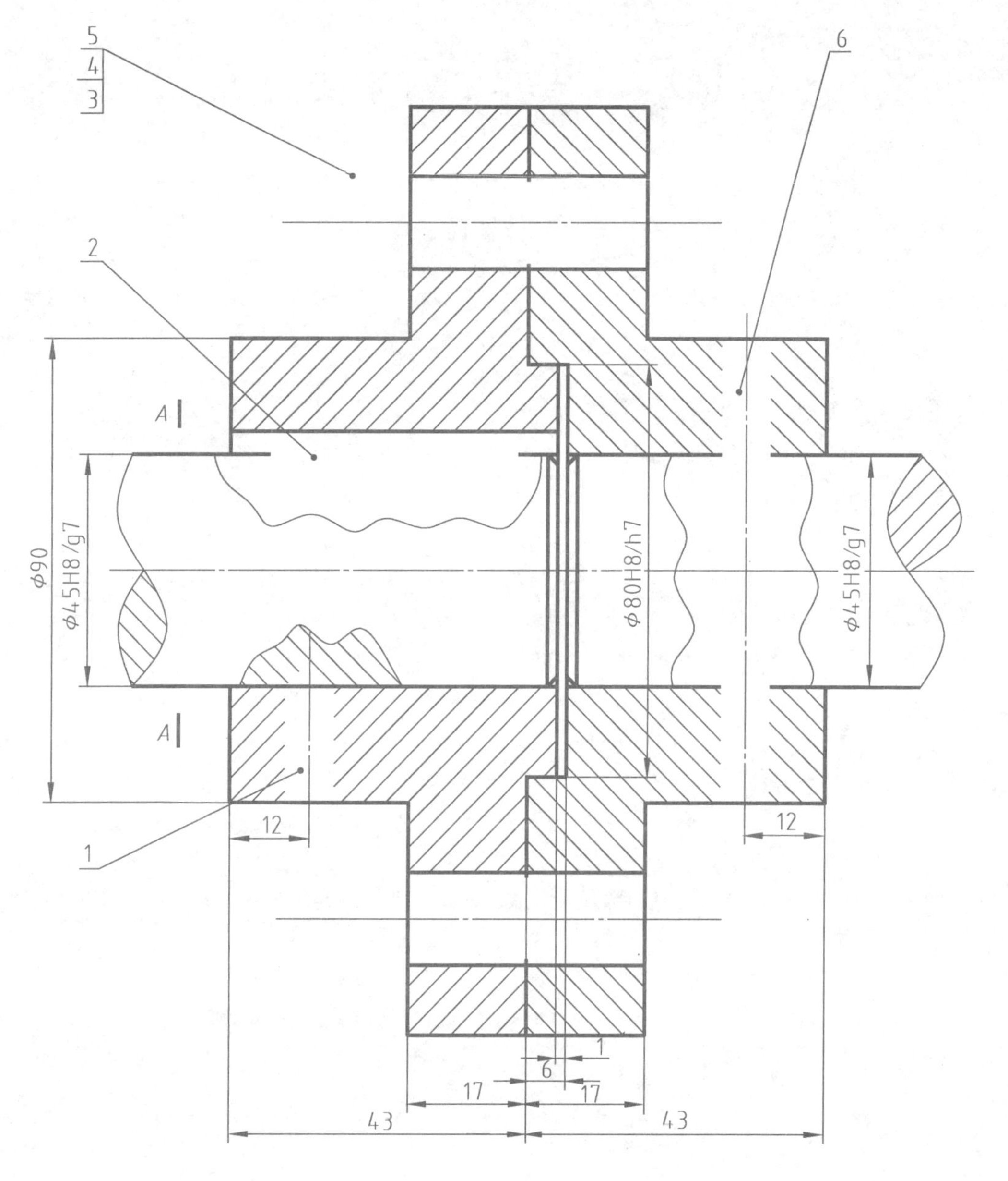


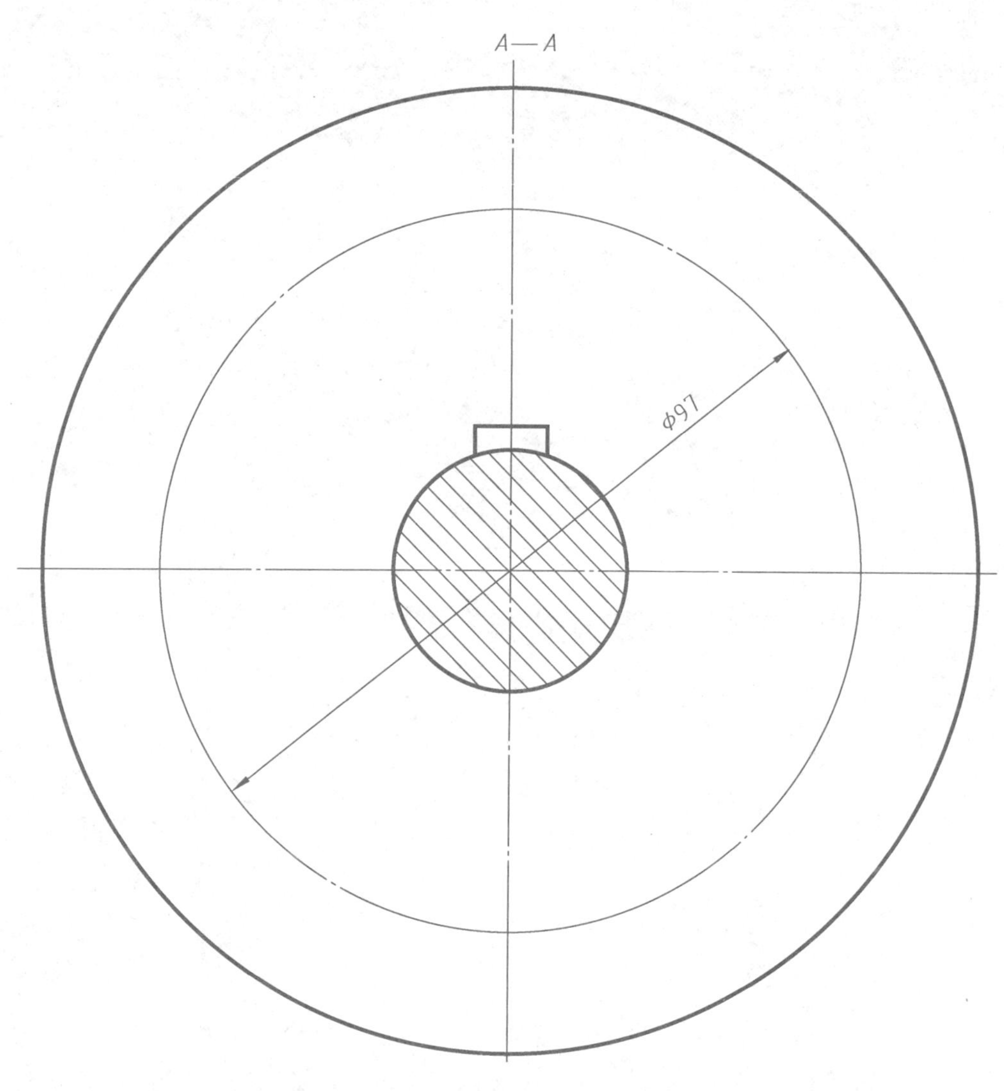


| 序号 | 代号 | 名称 | 数量 | 材料 | 备注 |
|---|---|---|---|---|---|
| 6 | | 销 10×90 | 1 | | GB/T 119.1 |
| 5 | | 垫圈 16 | 4 | | GB/T 95 |
| 4 | | 螺母 M16 | 4 | | GB/T 6170 |
| 3 | | 螺栓 M16×70 | 4 | | GB/T 5782 |
| 2 | | 键 14×50 | 1 | | GB/T 1096 |
| 1 | | 紧定螺钉M10×25 | 1 | | GB/T 71 |

| 标记 | 处数 | 分区 | 更改文件号 | (签名) | 年、月、日 | | | | |
|---|---|---|---|---|---|---|---|---|---|
| 设计 | (签名) | (年月日) | 标准化 | (签名) | (年月日) | 阶段标记 | 质量 | 比例 | 联轴器 |
| | | | | | | | | 1:1 | |
| 审核 | | | | | | | | | 02-01 |
| 工艺 | | | 批准 | | | 共1张 | | 第1张 | |

×××大学

## 7-6　齿轮。

1. 已知直齿圆柱齿轮，模数 $m=3\text{mm}$，齿数 $z=24$，齿顶圆倒角为 $C2$，画出齿轮的主视图和左视图。

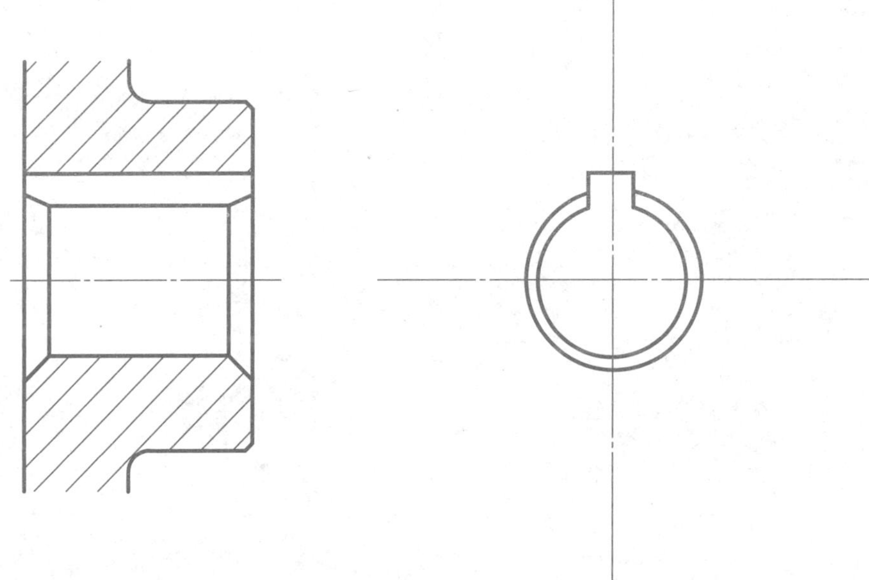

2. 已知直齿圆柱齿轮，模数 $m=3\text{mm}$，小齿轮齿数 $z_1=18$，中心距 $a=81\text{mm}$，画出齿轮啮合的主视图和左视图。

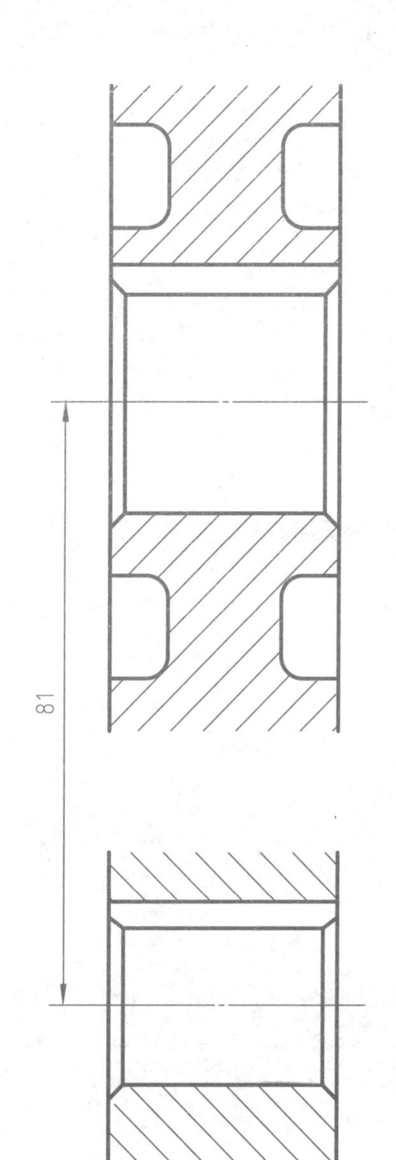


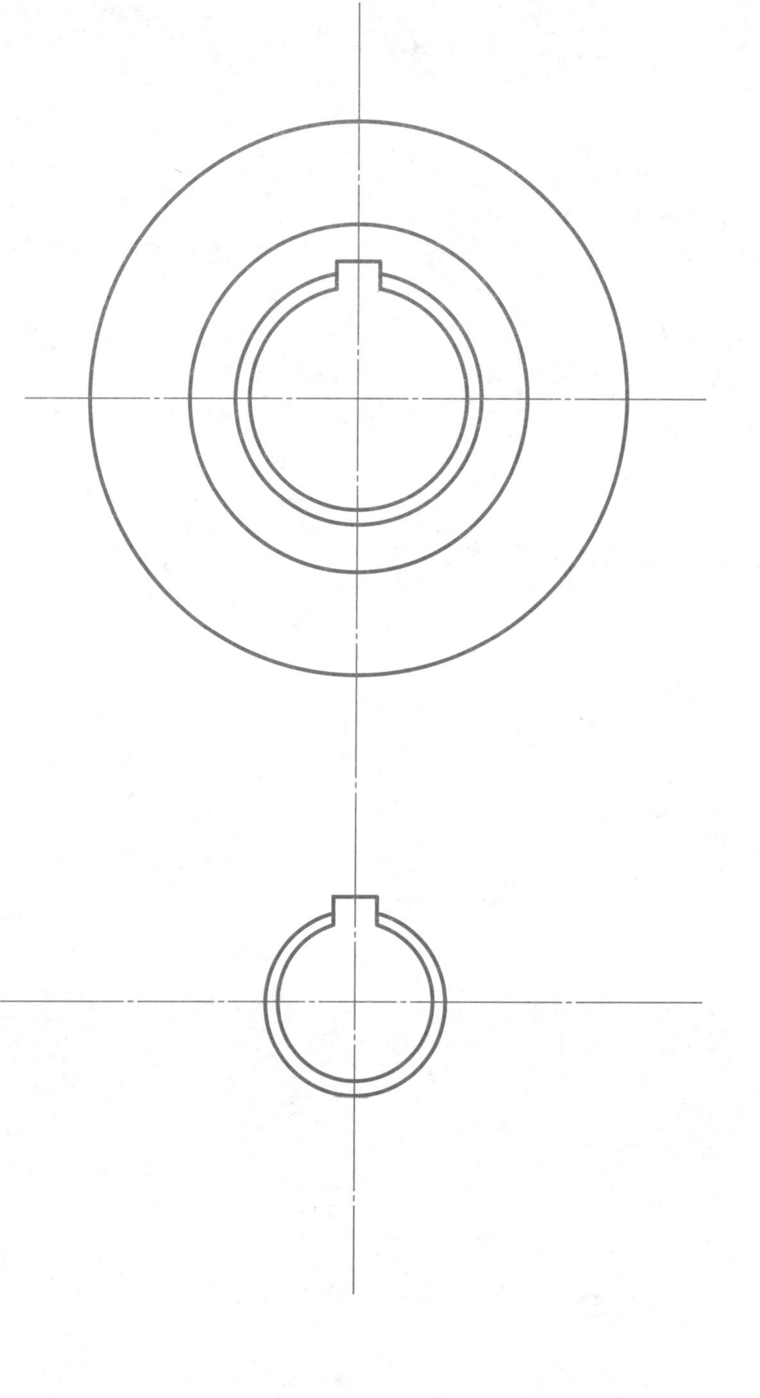

班级：　　　　姓名：　　　　学号：

## 7-7 滚动轴承。

已知阶梯轴两端支承轴肩处的直径分别为25mm和15mm，用通用画法1∶1画出支承处的滚动轴承。

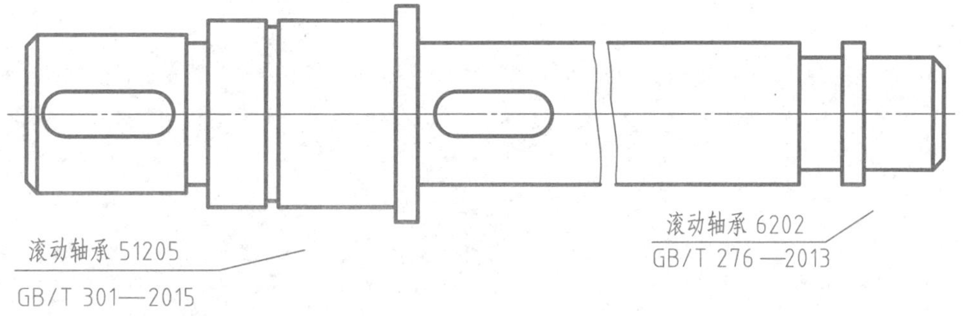

滚动轴承 51205
GB/T 301—2015

滚动轴承 6202
GB/T 276—2013

## 7-8 弹簧。

画出圆柱螺旋压缩弹簧的剖视图，在图中标注下列尺寸：线径 $d=5$mm，弹簧外径 $D_2=60$mm，节距 $t=10$mm 及自由高度，弹簧钢丝展开长度填入技术要求。

8-1　零件结构的工艺性：常见孔的尺寸标注。

| 孔的结构类型 | | 普通注法 | 旁注法 | 说明 |
|---|---|---|---|---|
| 螺孔 | 不通孔 | 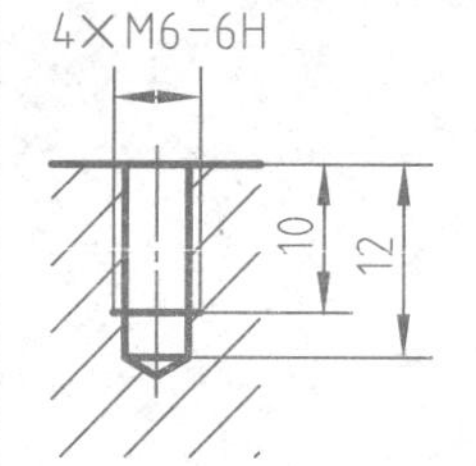4×M6-6H<br>10<br>12 | 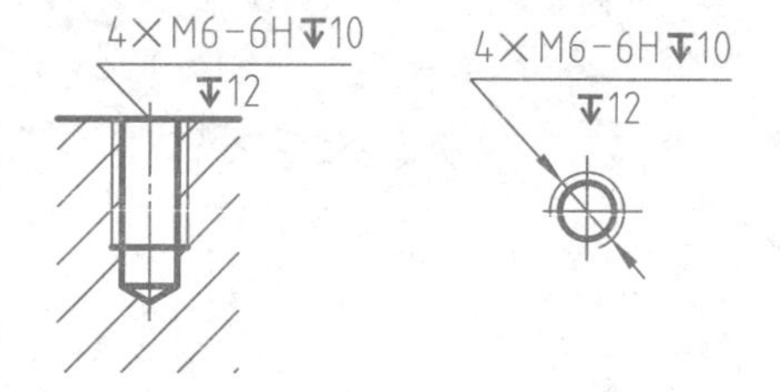4×M6-6H↧10<br>↧12<br>4×M6-6H↧10<br>↧12 | 4个M6螺纹孔，螺纹深10、孔深12，内螺纹的中径、顶径公差带代号均为6H |
| 光孔 | 一般孔 | 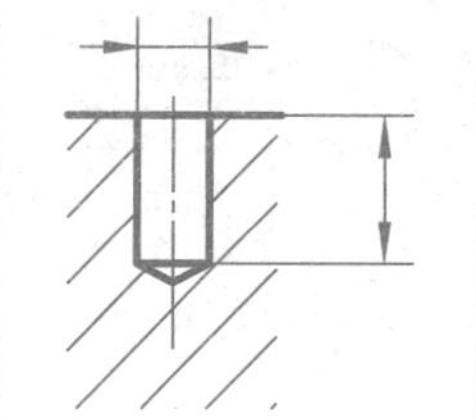 | 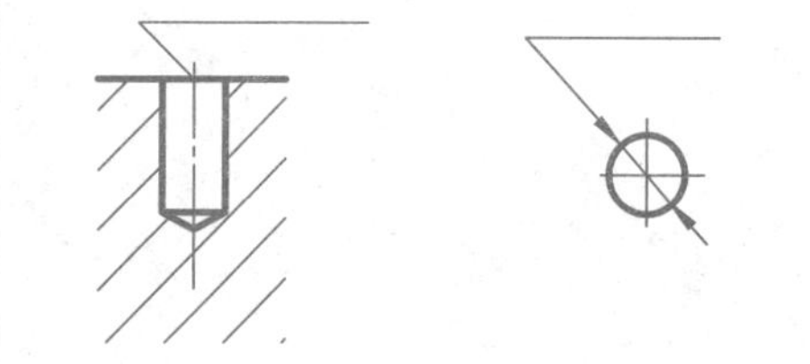 | 4个均匀分布的$\phi5$光孔，深度12 |
| | 锥销孔 | 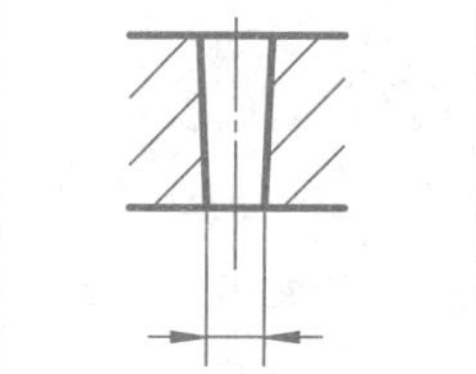 | 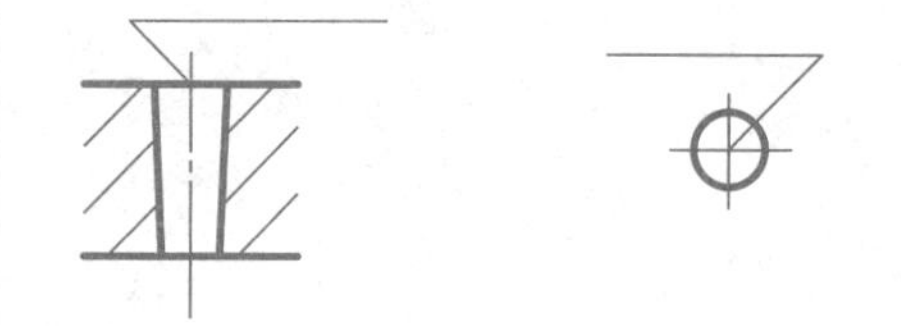 | 与锥销孔相配的圆锥销小端直径（公称直径）为$\phi4$，锥销孔是在两零件装配在一起时配作 |
| 沉孔 | 锥形沉孔 | 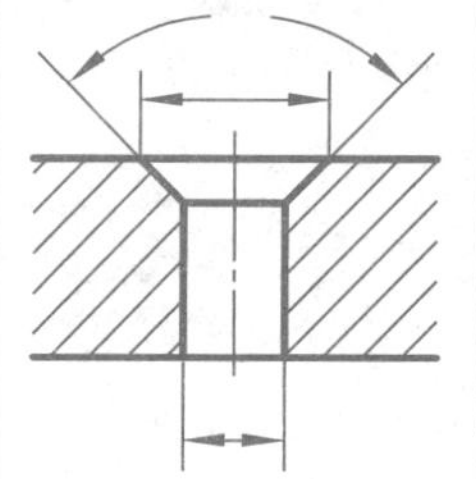 | 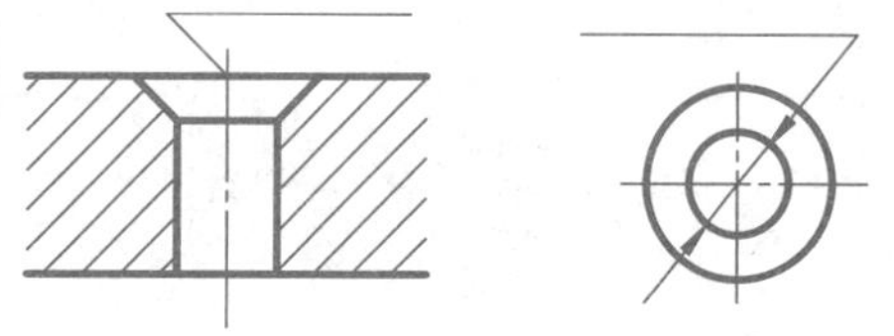 | 4个均匀分布的$\phi7$孔，锥形沉孔直径$\phi13$，锥角90° |
| | 柱形沉孔 | 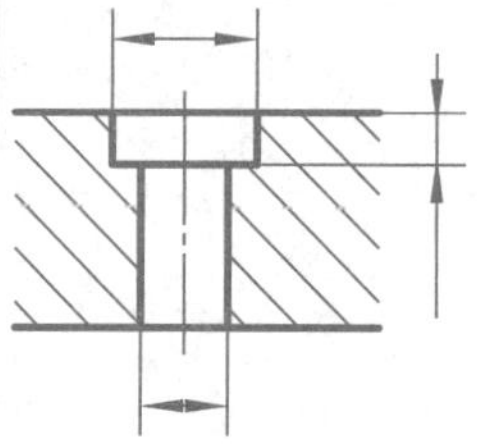 | 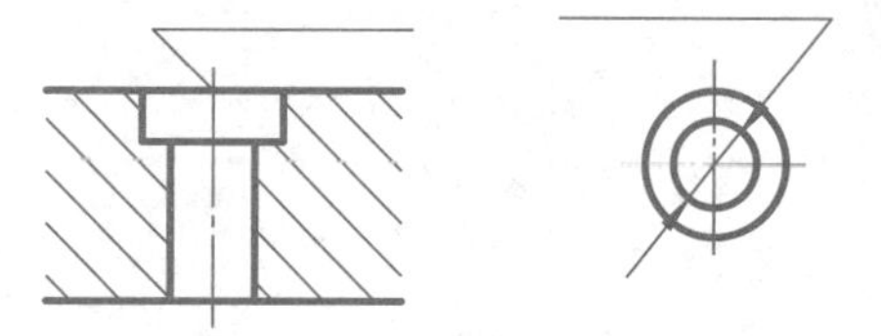 | 4个均匀分布的$\phi6$孔，柱形沉孔直径$\phi10$，深3.5 |
| | 锪平面 | 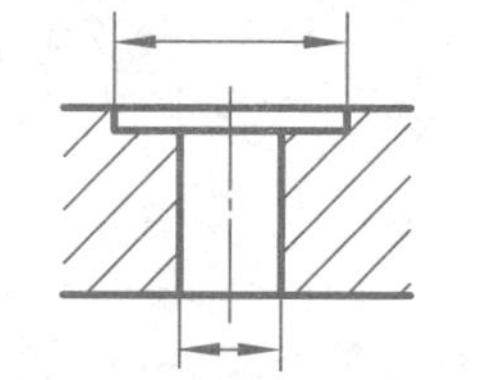 | 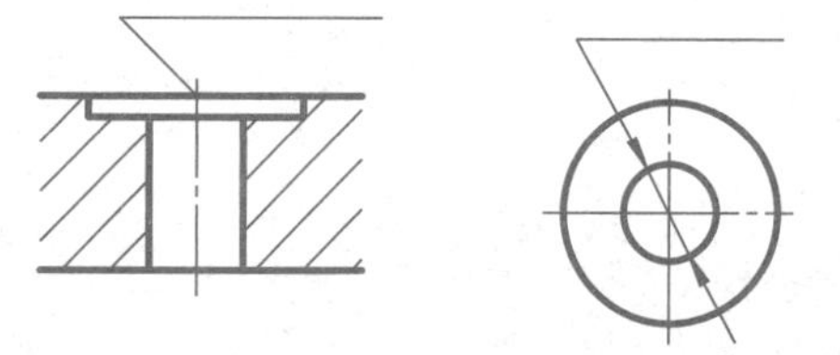 | 4个螺栓通孔$\phi7$锪平直径$\phi16$，深度不需要标注，一般锪平到不出现毛面为止 |

| | | |
|---|---|---|
| 倒角 | 45°倒角 | 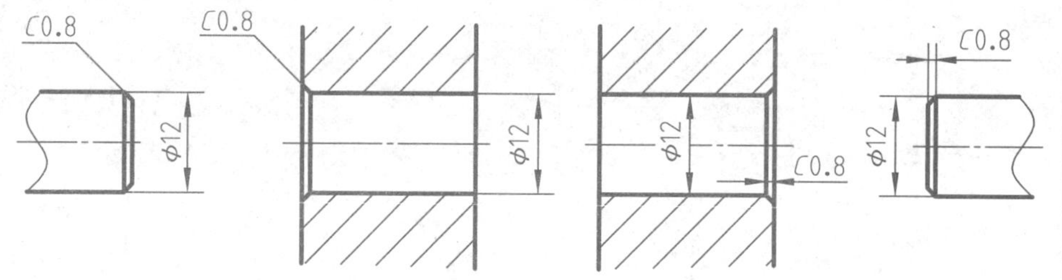C0.8<br>C0.8<br>φ12<br>φ12<br>φ12<br>C0.8<br>C0.8<br>φ12注法1　注法2 |
| | 30°或60°倒角 | 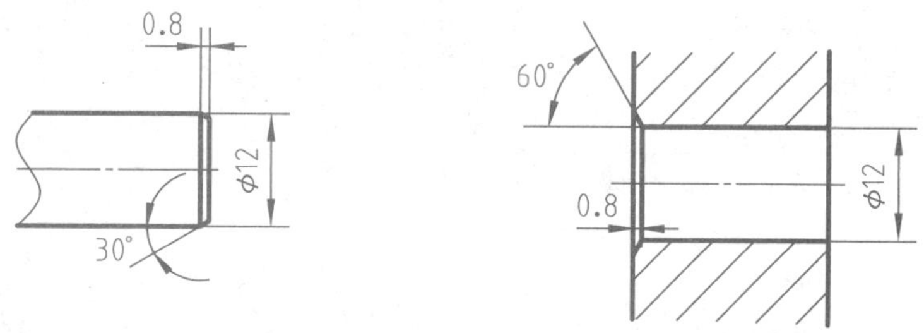0.8<br>φ12<br>30°<br>60°<br>0.8<br>φ12 |
| 砂轮越程槽 | 内、外圆 | 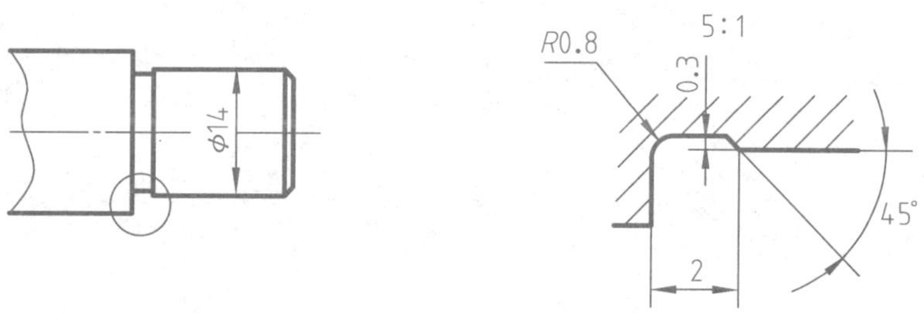φ14<br>R0.8<br>5:1<br>0.3<br>45°<br>2 |
| 退刀槽 | | 槽宽2、直径$\phi8$或深1<br>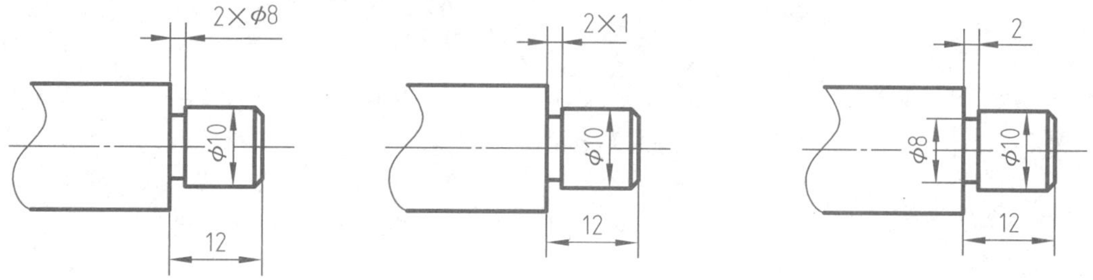2×φ8<br>φ10<br>12<br>2×1<br>φ10<br>12<br>2<br>φ8<br>φ10<br>12注法1　注法2　注法3 |

8-2　零件的技术要求（一）：根据表中给定的表面结构参数值，在下面视图中标注相应的表面结构要求。

1.

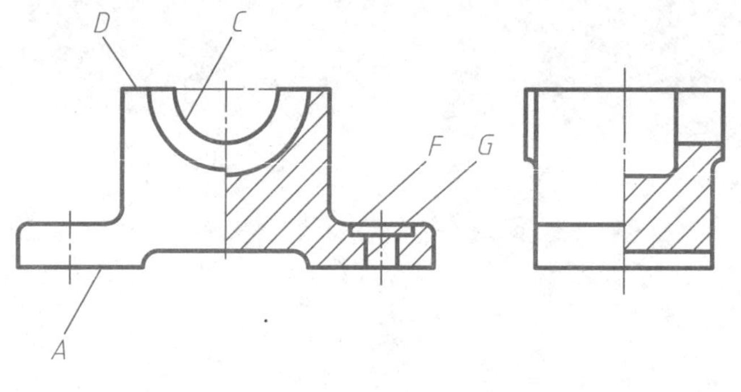


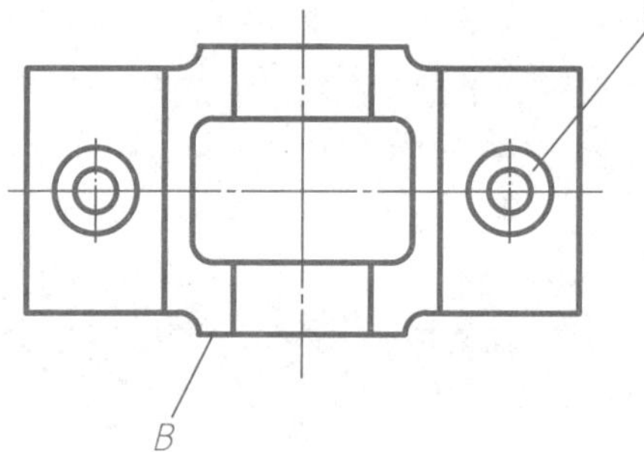


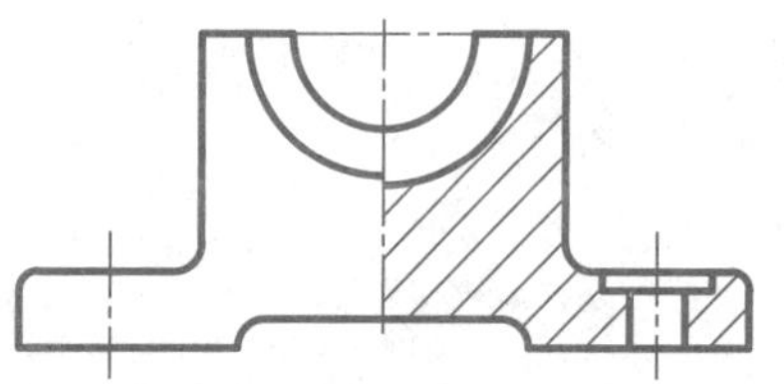

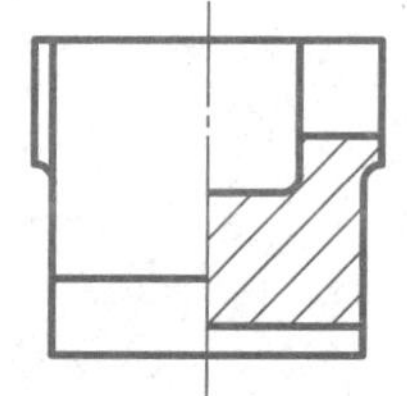

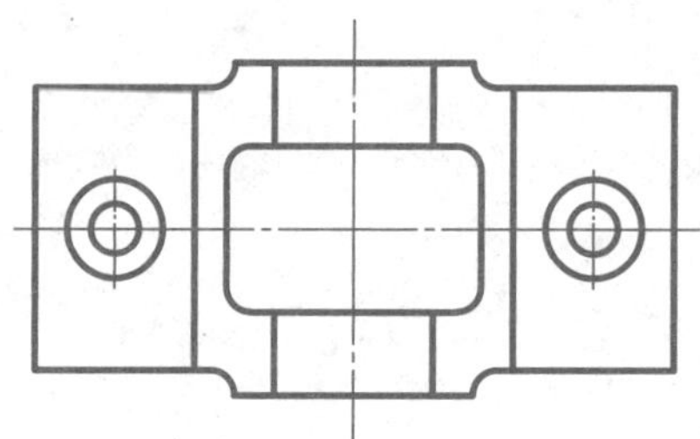

| 表面 | A、B | C | D | E、F、G | 其余 |
|---|---|---|---|---|---|
| Ra | 6.3 | 1.6 | 3.2 | 12.5 | √ |

2.

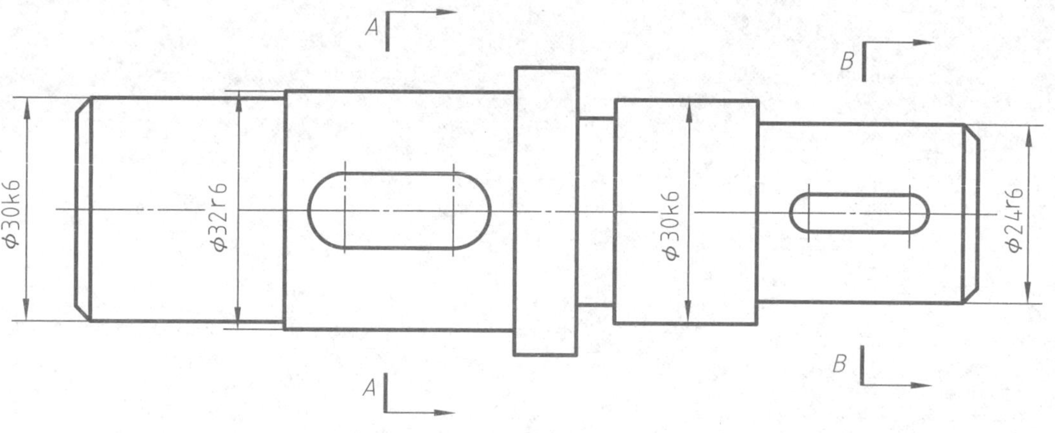


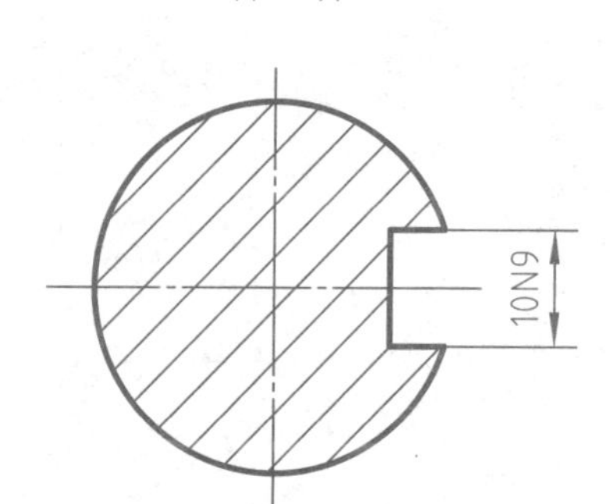


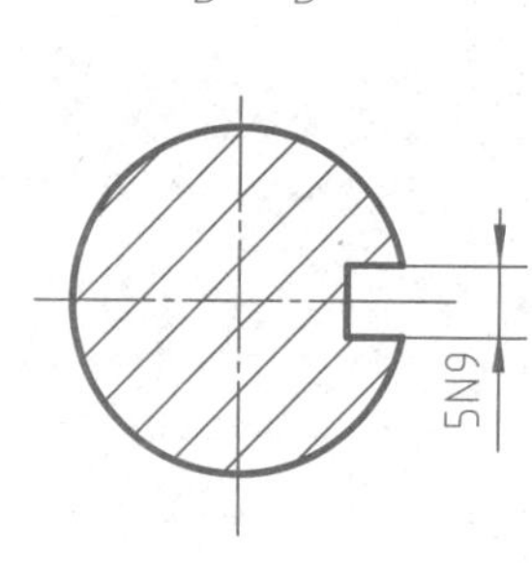


1）φ30k6 表面粗糙度为 *Ra*1.6

2）φ32r6 表面粗糙度为 *Ra*1.6

3）φ24r6 表面粗糙度为 *Ra*3.2

4）键槽 10N9、5N9 两侧表面粗糙度为 *Ra*6.3

5）其余表面粗糙度为 *Ra*12.5

## 8-3 零件的技术要求（二）。

3. 某组件中零件间配合尺寸如图所示。

（1）试说明配合尺寸 $\phi18\frac{H7}{g6}$ 的含义。

1）$\phi18$ 表示________。

2）g 表示________。

3）此配合是____制____配合。

4）7、6 表示________。

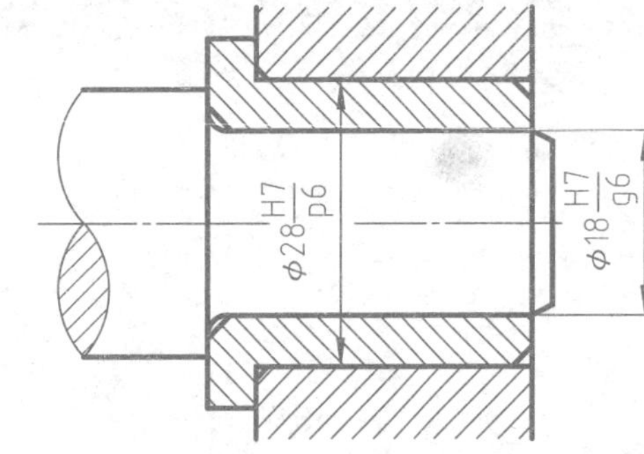


（2）根据装配图中所注配合尺寸，分别在相应的零件图上注出公称尺寸和上、下极限偏差数值。

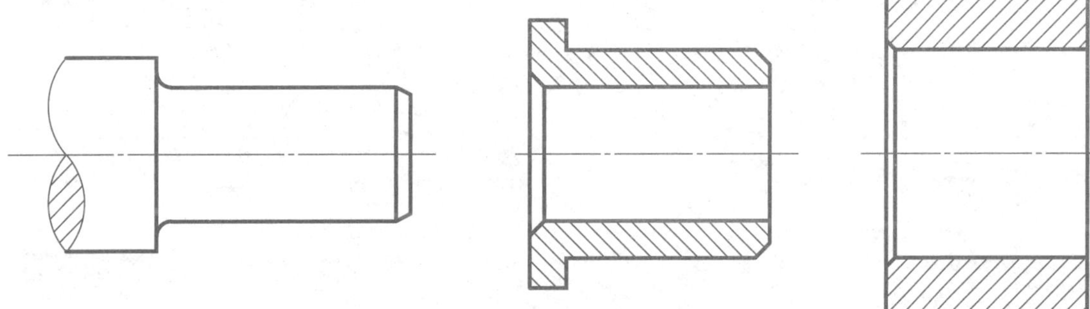

（3）算出配合尺寸 $\phi18\frac{H7}{g6}$ 中上、下极限尺寸。

轴 上极限尺寸为

下极限尺寸为

4. 某仪器中，轴和孔配合尺寸为 $\phi30\frac{P8}{h7}$。

（1）此配合是______制______配合。

（2）当公称尺寸为 $\phi30$mm 时，IT7 为 21μm，IT8 为 33μm，P8 基本偏差为 −22μm，试在下面的零件图中注出公称尺寸和上、下极限偏差数值。

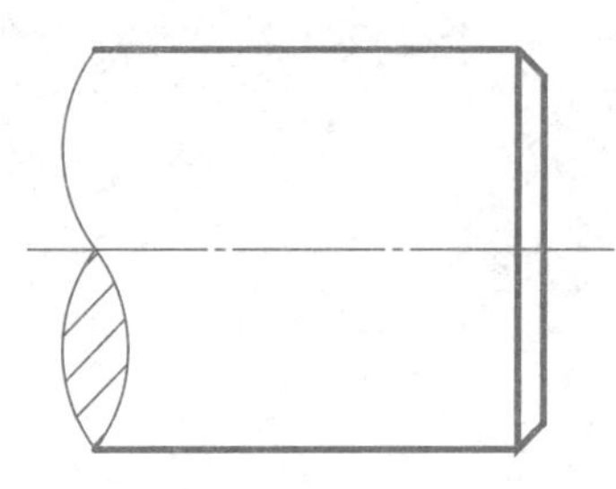

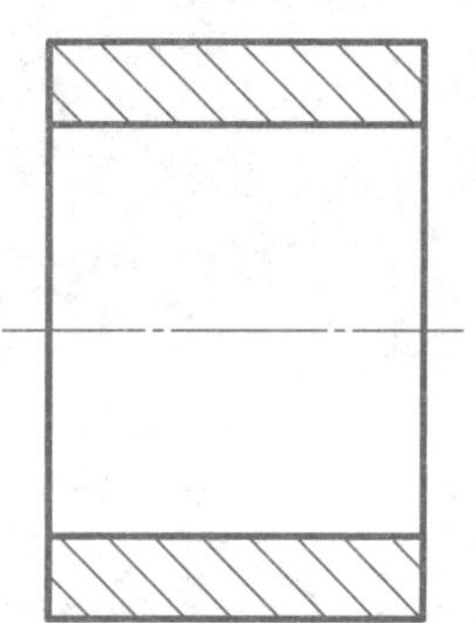

（3）画出装配图，并注出公称尺寸和配合代号。

（4）画出孔和轴的公差带图。

班级： 姓名： 学号：

## 8-4 零件的技术要求（三）。

5. 某轴零件如图所示，绘制断面图并标注零件尺寸及几何公差相关技术要求。

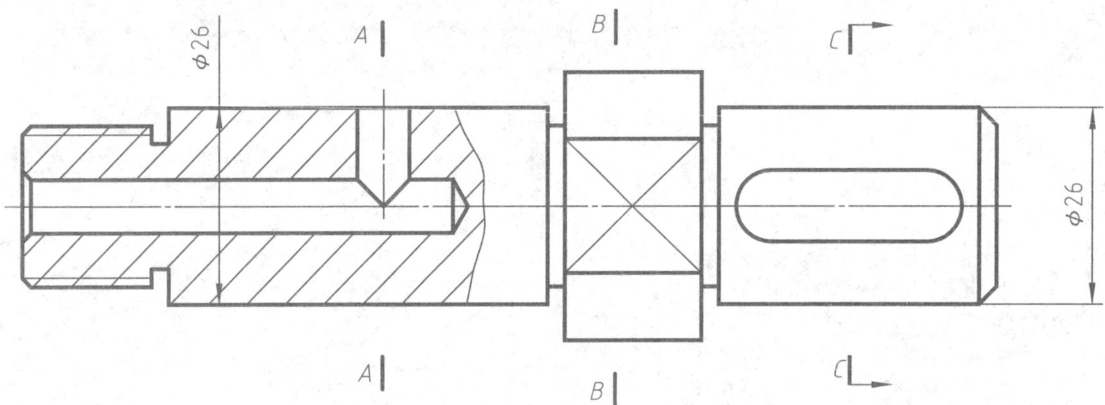


技术说明如下：

1. 倒角为45°，长2。
2. 退刀槽宽2，深为2。
3. 右侧直径为26的圆柱直线度为0.01。
4. 左、右两个直径为26的圆柱同轴度误差为0.05。

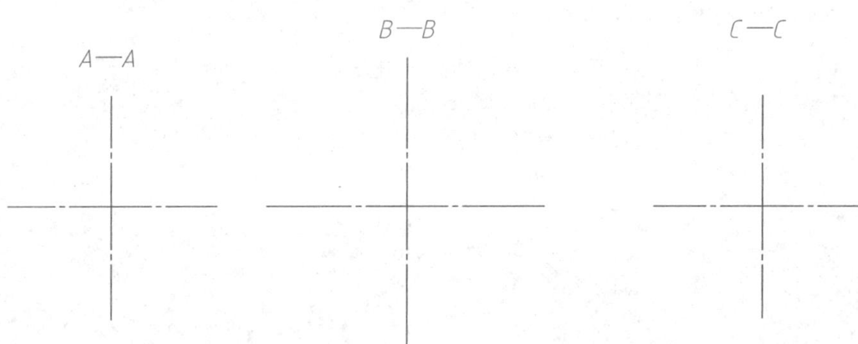

## 8-5　零件测绘。

一、作业目的和要求

1. 掌握测绘零件的基本方法和绘制零件工作图的方法。

2. 掌握零件图的表达及尺寸注法。

3. 学会零件图上的表面粗糙度和尺寸公差的标注方法。

4. 掌握一般的测量方法及测绘工具的使用方法。

二、作业内容

第一次测绘：叉架类零件。

根据叉架实物在方格纸上画草图一张，并用计算机绘出工作图。

第二次测绘：箱体类零件。

根据箱体实物在方格纸上画草图一张，并在白图纸上绘工作图一张（或计算机绘图）。

三、草图的一般要求

1. 完整而清晰地表达出零件的结构，所选用的视图、剖视及剖面符合国家标准的规定。

2. 尺寸完整、标注清晰，符合国家标准的规定。

3. 观察零件每个表面，注出表面粗糙度。

4. 在目测的条件下，徒手绘图，尽可能做到线型、尺寸符合规定，图形布置均匀合理，投影关系正确，绝不能因为是草图而潦草。

四、草图绘制的一般方法及注意事项

1. 弄清楚零件名称、用途、材料和结构特点。

2. 确定表达方案，合理选择主视图和其他视图、剖视、剖面等。

3. 以目测估计零件各部分的比例。先主后次，先外后里，画全投影图，对零件本身存在的缺陷要加以修正。

4. 选择零件长、宽、高三个方向尺寸的主要基准和辅助基准，并画出全部尺寸界线和尺寸线。由测绘相同零件的几个人组成测绘小组，统一测量，逐个记录尺寸，填写在自己的草图上。

5. 测量尺寸时对重要尺寸要优先注出，对磨损较严重的孔、轴测量后要进行圆整。

6. 对零件上的倒角、退刀槽等典型结构要素应查有关零件手册。

7. 测量尺寸时要根据零件的尺寸精度采用相应的工具。对精度较低的尺寸可用内、外卡钳及钢直尺；对精度较高的尺寸可用游标卡尺、千分尺等量具。

8. 有些零件的主要尺寸还要用计算方法核实其准确性，如齿轮泵的中心距、齿轮箱的中心距等。

9. 对于螺纹的螺距可用螺纹规测量，判别其是粗牙螺纹还是细牙螺纹，外螺纹大径可用游标卡尺测量，按大径及螺距查有关零件手册，确定标准螺纹参数；对于螺孔应先测出小径及螺距，然后查表找出标准外径及各部分参数；对于管螺纹，根据测得的螺距查有关手册，一般为寸制螺纹。

五、绘制零件工作图

1. 根据确定的主视图考虑其他视图的数目。对照已画好的零件草图看方案是否能再改进。

2. 画图时要把有投影关系的视图同时画出。如果有的视图中尺寸较多，能根据它更好地画出其他视图则可考虑先画该视图。或当零件的某一部分的投影为圆时，应先画出反映圆的视图再画出其他视图。

3. 零件工作图中标注尺寸不能完全与草图中的尺寸相同，草图中的尺寸多是为了便于测量注出的，画零件工作图标注尺寸时要重新调整。

班级：　　　　姓名：　　　　学号：

## 8-6 读零件图（一）。

读套筒零件图（见下图），并回答问题。

（1）轴向主要尺寸基准是________，径向主要尺寸基准是________。

（2）图中标有①的部位，所指两条虚线间的距离为________。

（3）图中标有②所指的直径为______。

（4）图中标有③所指的线框，其定形尺寸为________，定位尺寸为________。

（5）靠右端的 2×$\phi$10 孔的定位尺寸为________。

（6）最左端的表面结构参数值为________，最右端面的表面结构参数值为________。

（7）局部放大图中④所指位置的表面结构参数值是________。

（8）图中标⑤所指的曲线是由______与______相交形成的________。

（9）外圆面 $\phi132\pm0.2$ 最大可加工成________，最小可为________，公差为________。

（10）补画 $K$ 向局部视图。

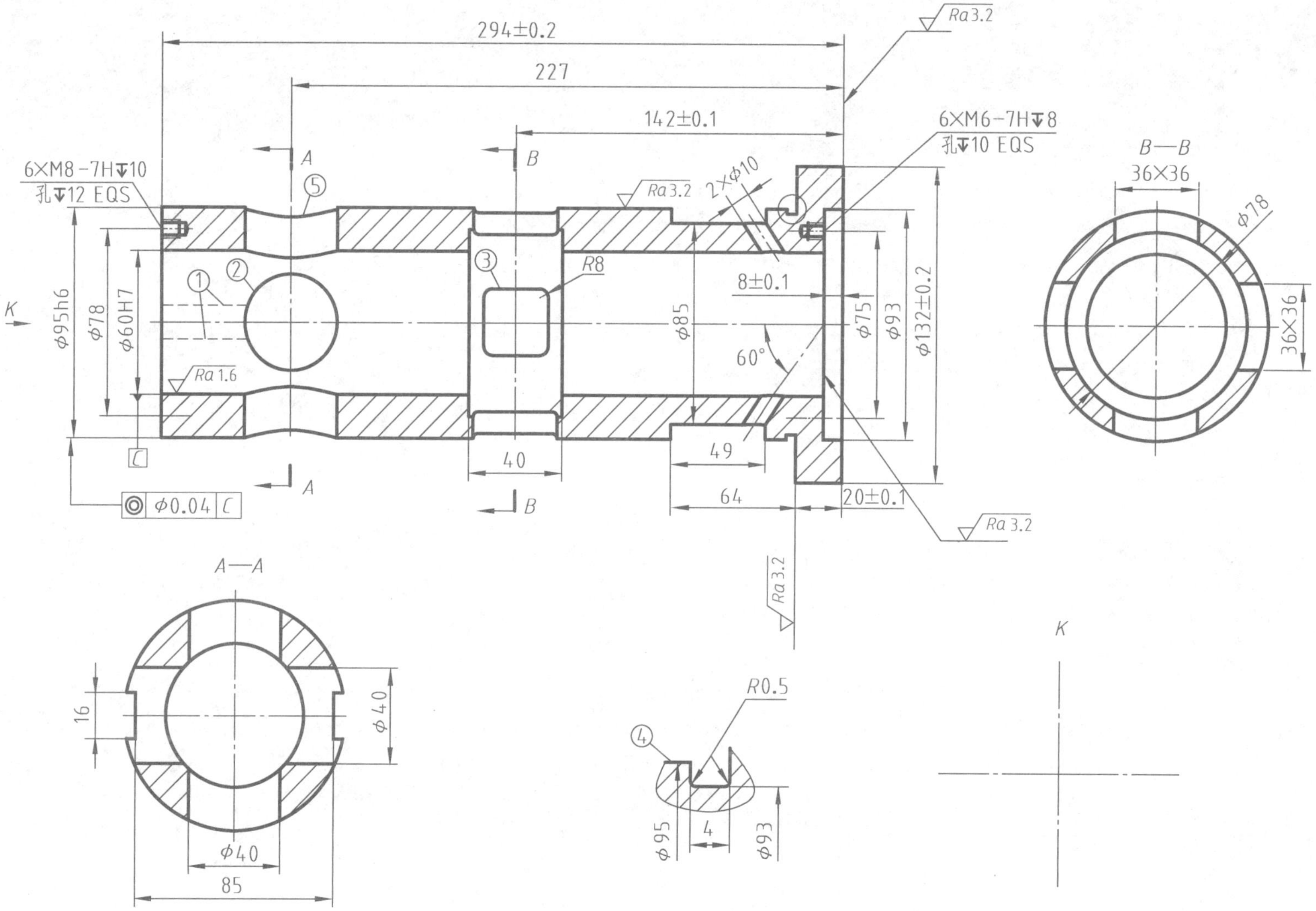

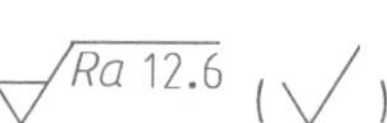

技术要求

未注倒角C2。

Ra 12.6 (√)

| 套筒 | | | | (图样代号) | | |
|---|---|---|---|---|---|---|
| | | | | 比例 | 质量 | 共 张 |
| 制图 | (签名) | (日期) | 45 | 2:1 | | 第 张 |
| 校对 | (签名) | (日期) | | (单位名称) | | |
| 审核 | | | | | | |

## 8-7 读零件图（二）。

1. 读主动齿轮轴零件图，在指定位置补绘图中所缺的移出断面图（键槽深度为3mm），并回答下列问题。

| 模数 | $m$ | 2 |
|---|---|---|
| 齿数 | $z$ | 18 |
| 压力角 | $\alpha$ | 20° |
| 精度等级 | | 8-7-7HK |
| 齿厚 | | 3.142 |
| 配对齿轮 | 图号 | 6503 |
| | 齿数 | 36 |

（1）该零件的名称________，材料________，绘图比例________。

（2）该零件用______个视图表达，分别是____________。

（3）在图中分别标出轴的径向和轴向尺寸基准。

（4）该零件的最右端是_______结构，ϕ40处是一段________结构。

（5）说明ϕ20f7的含义：ϕ20为________，f7是________。如将ϕ20f7写成有上、下极限偏差的形式，注法是________。

（6）指出图中的工艺结构：它有____处倒角，其尺寸分别为_______，有________处退刀槽，其尺寸分别为____________。

技术要求

1. 调质处理220～250HBW。
2. 锐边倒钝。

Ra 12.5（√）

| 主动齿轮轴 | | | | （图样代号） | | |
|---|---|---|---|---|---|---|
| | | | | 比例 | 质量 | 共　张 |
| 制图 | （签名） | （日期） | 45 | 1:1 | | 第　张 |
| 校对 | （签名） | （日期） | | （单位名称） | | |
| 审核 | | | | | | |

2. 读底座视图，在本图右侧画出左视图的外形图，并标注尺寸（取整）。

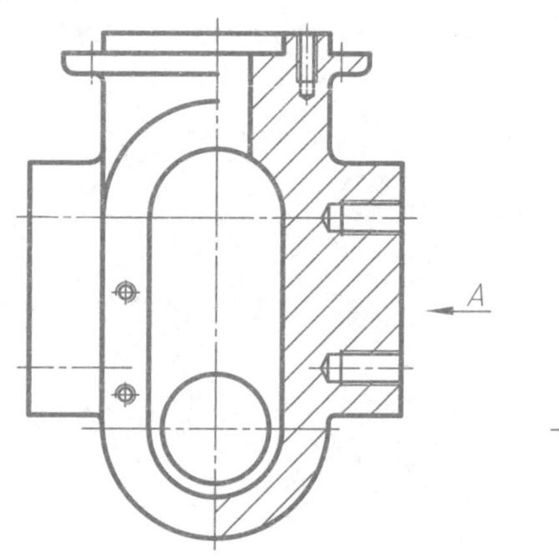



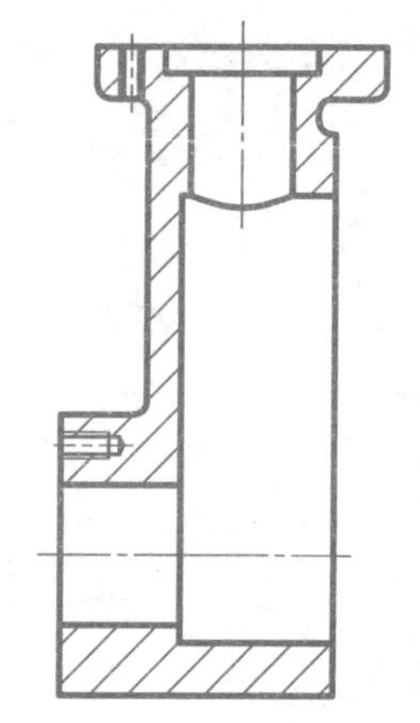

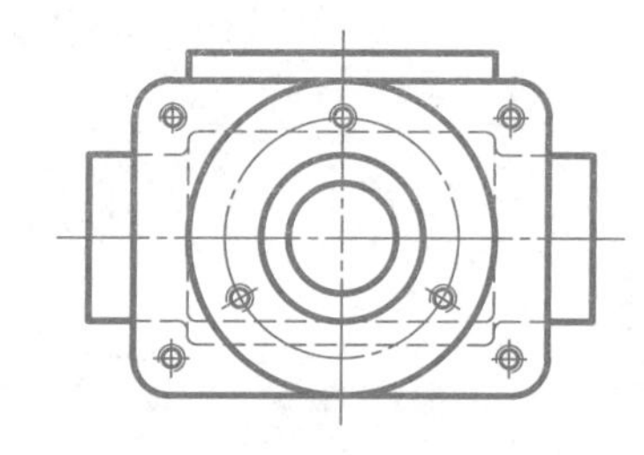

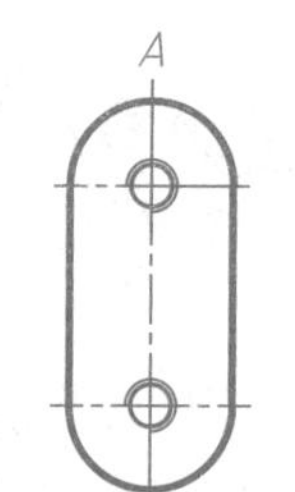



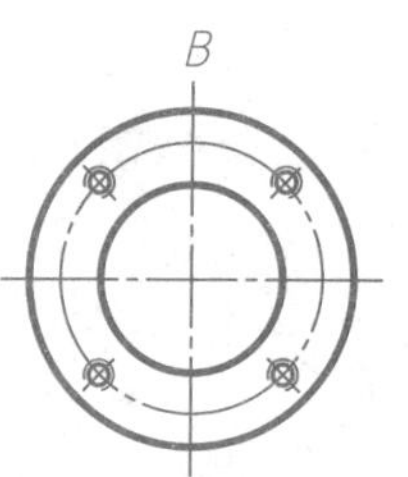



技术要求

1. 未注铸造圆角为$R1.5$～$R2$。
2. 铸件不得有砂眼、气孔、裂纹等缺陷。
3. 起模斜度1:50。

| 底　座 | | | | （图样代号） | | |
|---|---|---|---|---|---|---|
| | | | | 比例 | 质量 | 共　张 |
| 制图 | （签名） | （日期） | HT150 | 1:1 | | 第　张 |
| 校对 | （签名） | （日期） | | （单位名称） | | |
| 审核 | | | | | | |

班级：　　　　姓名：　　　　学号：

## 8-8 读零件图（三）。

3. 读零件图，分析零件形状，补画 *B* 向视图并补画 *C*—*C* 剖视图。

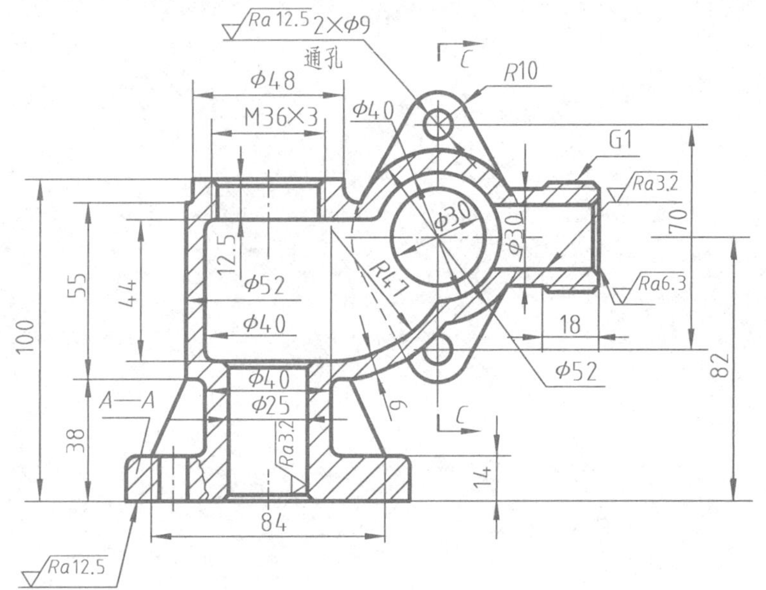


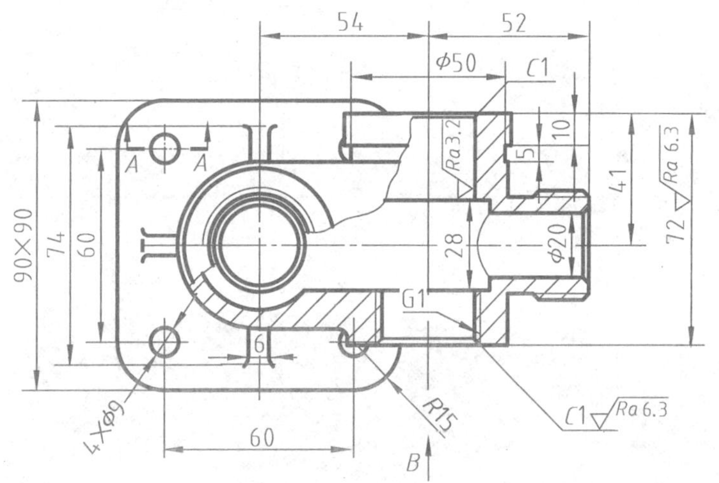


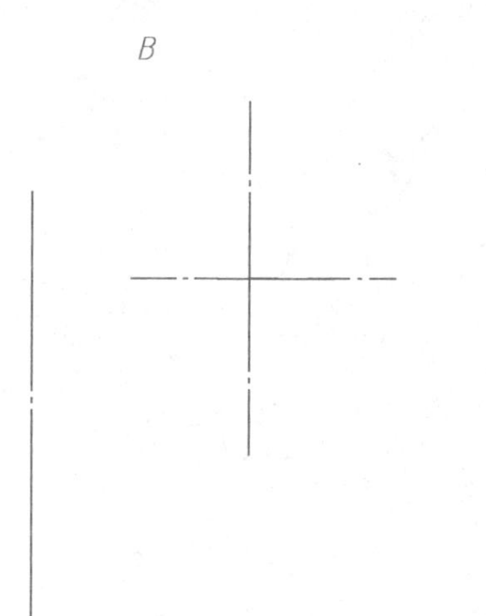


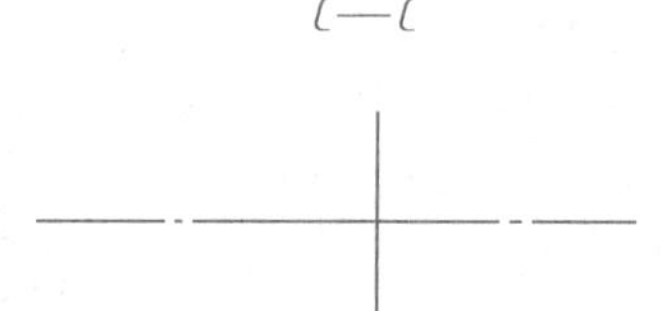


技术要求

1. 未注圆角*R*3。
2. 铸件应经时效处理。
3. 未注倒角为*C*2，倒角表面粗糙度为*Ra* 12.5μm。

| 绘图 | | | HT200 | | | |
|---|---|---|---|---|---|---|
| 校对 | | | | | | 底座 |
| | | | 比例 | | | |
| 审核 | | | 班级 | | 学号 | 图号 |

## 8-9 读零件图（四）。

4. 读端盖零件图，回答问题。

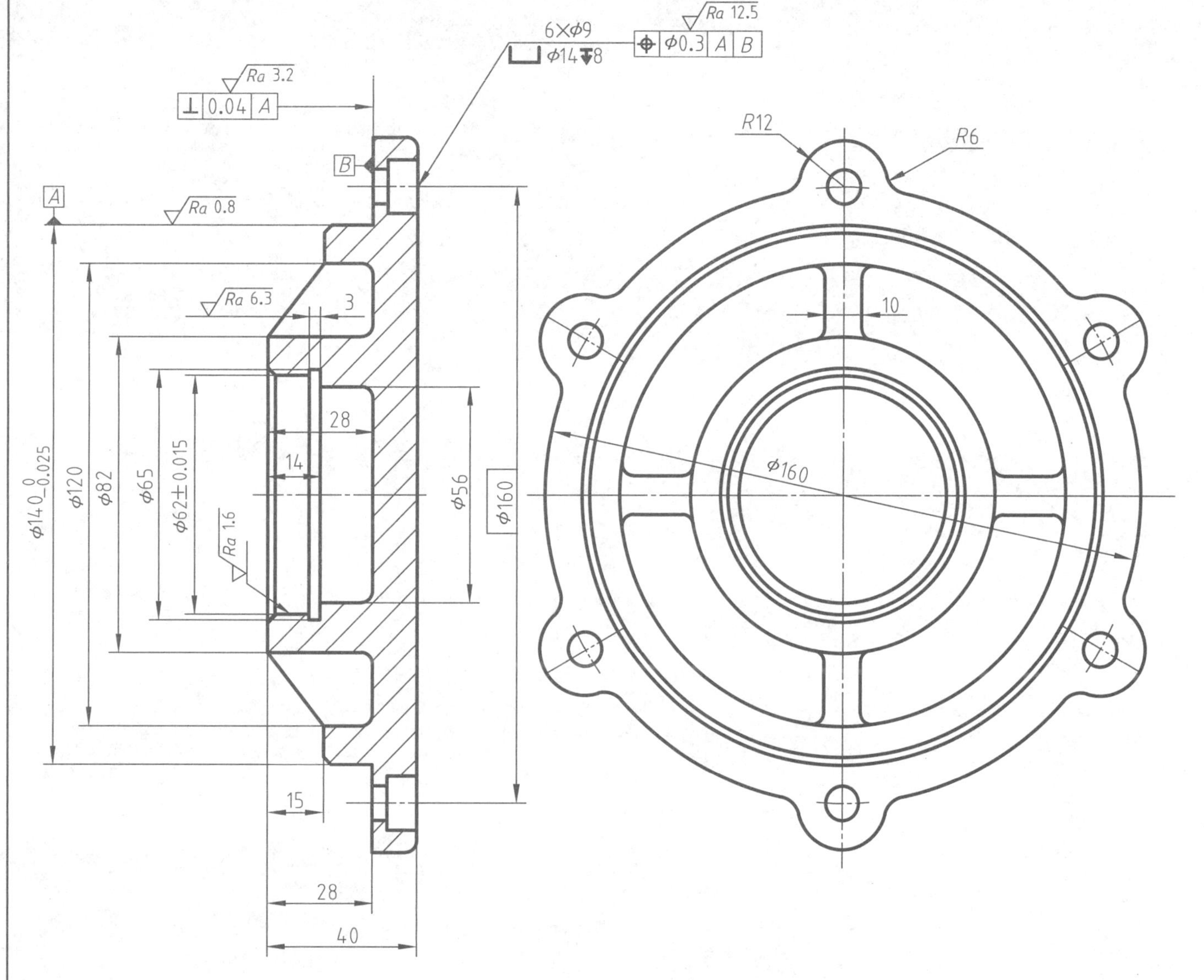


（1）该零件的名称为__________，材料为__________，绘图比例为__________。

（2）该零件用______个视图表达，分别是__________。

（3）在图中分别标出轴的径向和轴向尺寸基准。

（4）该零件的肋板结构有__________处。

（5）说明 ⌖ ϕ0.3 A B 的含义：__________。

（6）指出图中的工艺结构：它有______处倒角，其尺寸分别为__________。

（7）表面粗糙度要求最高的是__________。

技术要求

1. 时效处理。
2. 未注圆角R2～R3。
3. 未注倒角为C2。
4. 非加工表面涂防锈漆。

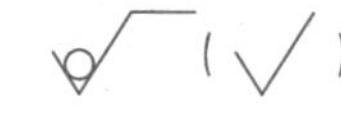

|  |  |  |  |  |  | HT200 | | | ×××大学 |
|---|---|---|---|---|---|---|---|---|---|
| 标记 | 处数 | 分区 | 更改文件号 | (签名) | 年、月、日 |  |  |  |  |
| 设计 | (签名) | (年月日) | 标准化 | (签名) | (年月日) | 阶段标记 | 质量 | 比例 | 轴承盖 |
|  |  |  |  |  |  |  |  | 1:2 |  |
| 审核 |  |  |  |  |  |  |  |  | 00001 |
| 工艺 |  |  | 批准 |  |  | 共3张　第1张 | | |  |

8-10　读零件图（五）。

5. 读壳体零件图，回答问题。

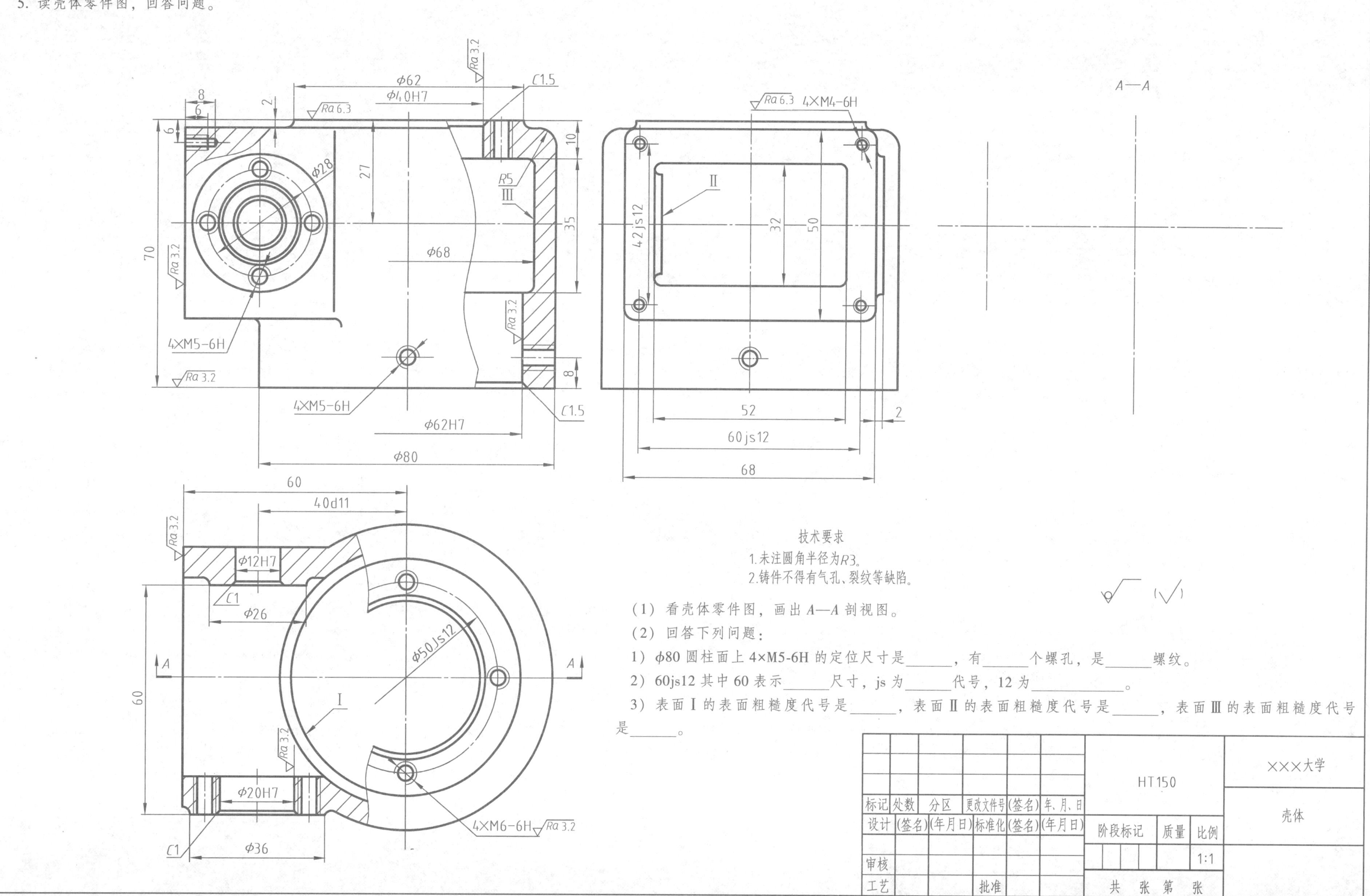

班级：　　　　姓名：　　　　学号：

## 8-11　读零件图（六）。

6. 读套筒零件图，回答问题。

（1）看套筒零件图，画出 *B*—*B* 剖视图。

（2）回答下列问题：

1）M6-6H 的定位尺寸是__________。

2）ϕ78e8 中 ϕ78 表示______尺寸，e 是______代号，8 是______。

3）指出 ϕ14 孔（表面Ⅰ）的表面粗糙度代号是______，ϕ78e8（表面Ⅱ）的表面粗糙度代号是______。

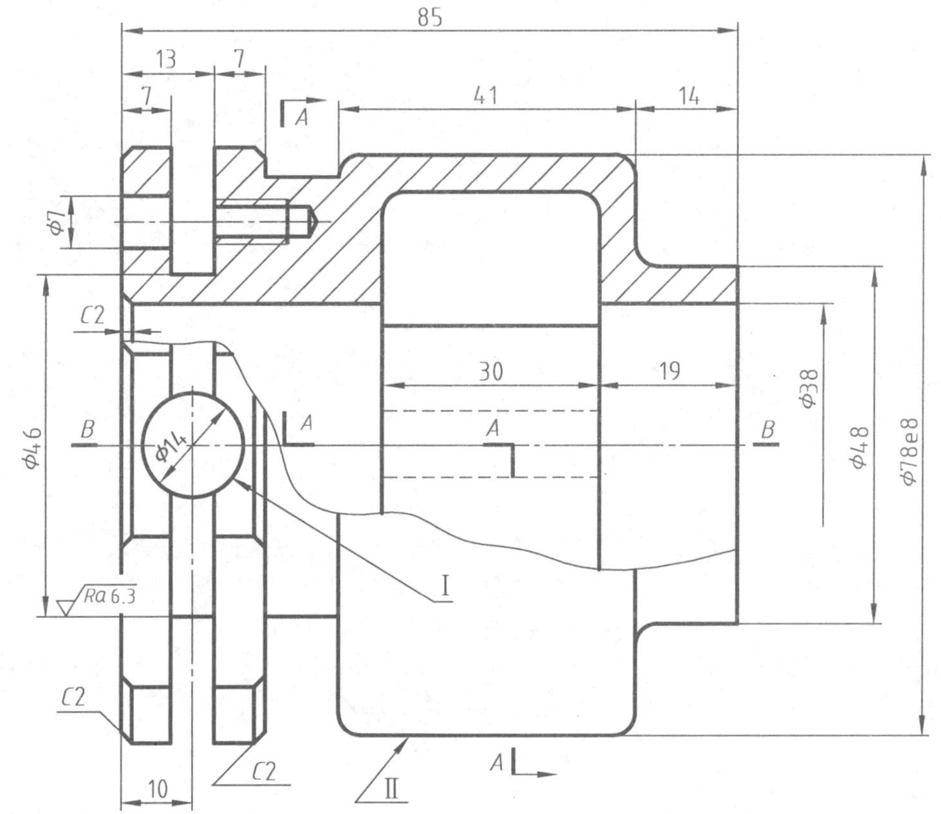


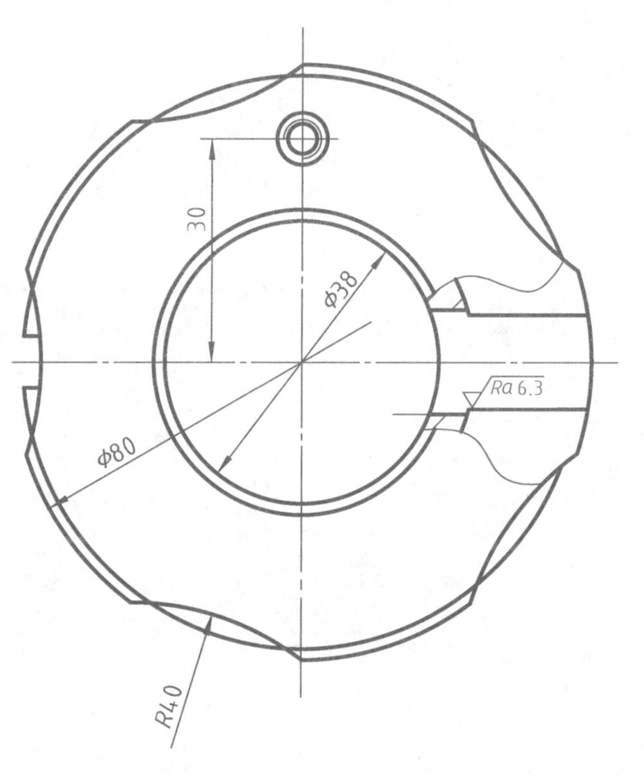


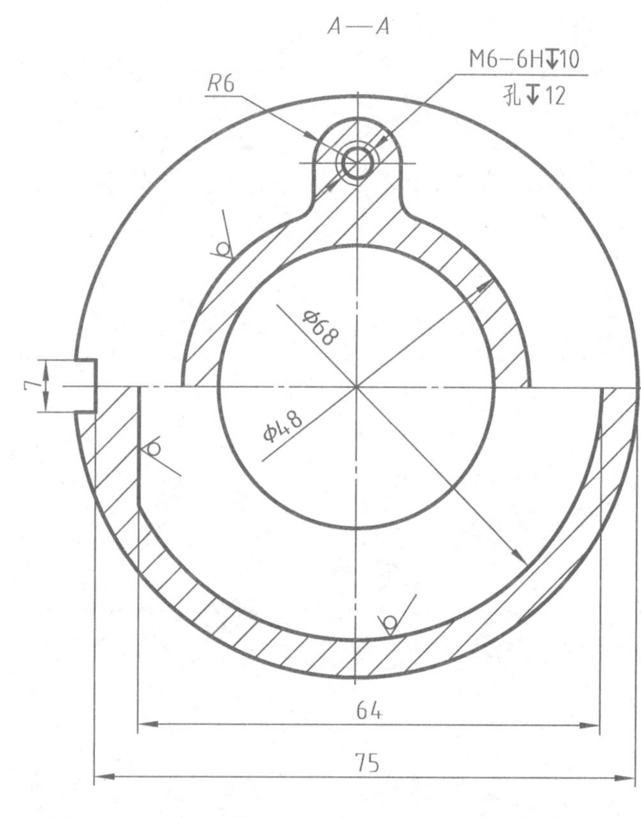


技术要求

1.未注圆角*R*3。

2.铸件不得有砂眼、裂纹。

(√)

| 标记 | 处数 | 分区 | 更改文件号 | (签名) | 年、月、日 | 45 | | | 套筒 |
|---|---|---|---|---|---|---|---|---|---|
| 设计 | (签名) | (年月日) | 标准化 | (签名) | (年月日) | 阶段标记 | 质量 | 比例 | |
| | | | | | | | | 1:1 | |
| 审核 | | | | | | | | | |
| 工艺 | | | 批准 | | | 共　张　第　张 | | | |

## 8-12　绘制零件图。

作业要求：

1. 图名：机座，图幅 A3，比例 1∶1，材料 HT200。

2. 填写技术要求：①铸件进行时效处理；②未注铸造圆角 $R3 \sim R5$。

3. 加工表面标注表面粗糙度：

ϕ30 内孔面 $Ra$ 6.3μm；ϕ20 内孔面 $Ra$3.2μm；140 下端面 $Ra$ 6.3μm；ϕ50 上平面、ϕ40 上下平面 $Ra$ 6.3μm；65×30 平面 $Ra$ 6.3μm；未注加工面 $Ra$ 12.5μm。

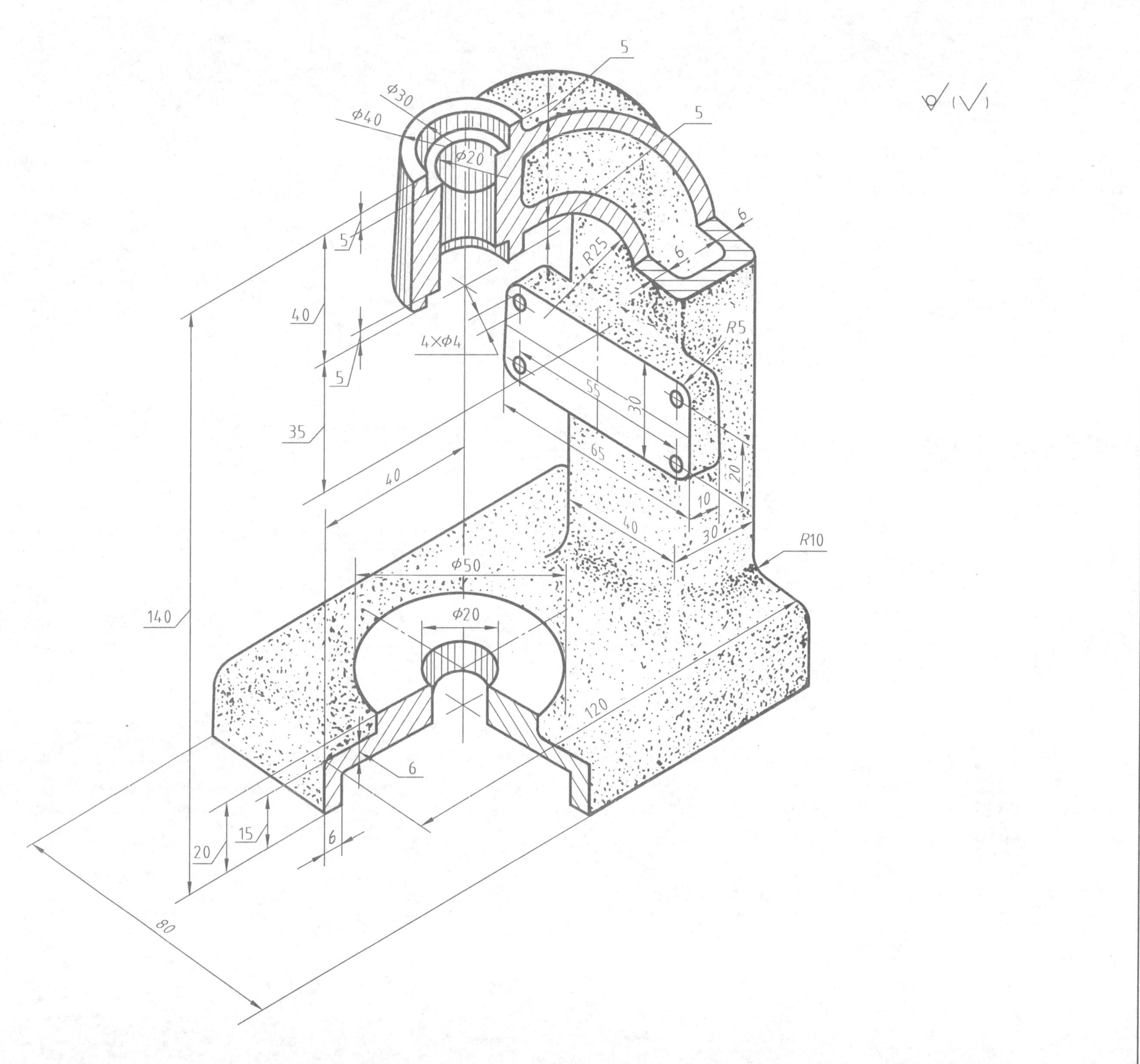

## 9-1 画定位器装配图。

**作业说明：**

根据装配示意图和零件图，绘制装配图，图纸幅面和比例自选，图号：9-01-00。

**工作原理：**

定位器安装在仪器的机箱内壁上。工作时，定位轴 1 的一端插入被固定零件的孔中。当该零件需要变换位置时，应拉动把手 7，将定位轴从该零件的孔中拉出。松开把手后，压簧 4 使定位轴回复原位。

定位器装配示意图

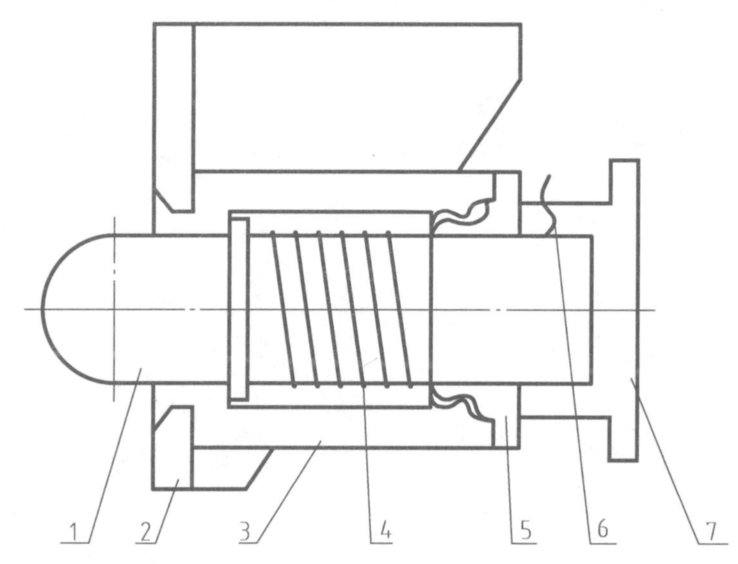


| 7 | 9-01-07 | 把手 | 1 | 塑料 | |
|---|---|---|---|---|---|
| 6 | | 螺钉M2.5×4 | 1 | 35 | GB/T 73—2017 |
| 5 | 9-01-05 | 盖 | 1 | 15 | |
| 4 | 9-01-04 | 压簧Φ0.5×Φ7×13 | 1 | 65 | |
| 3 | 9-01-03 | 套筒 | 1 | 35 | |
| 2 | 9-01-02 | 支架 | 1 | 35 | |
| 1 | 9-01-01 | 定位轴 | 1 | 45 | |
| 序号 | 代号 | 名称 | 数量 | 材料 | 备注 |

| 定位器 | | | (图样代号) | | |
|---|---|---|---|---|---|
| | | | 比例 | 质量 | 共 张 |
| 制图 | (签名) | (日期) | 1:1 | | 第 张 |
| 校对 | (签名) | (日期) | (材料代号) | (单位名称) | |
| 审核 | | | | | |

有效圈数6
总圈数8.5

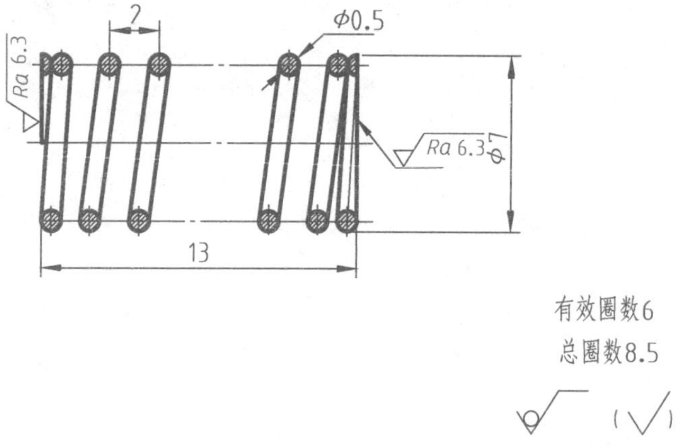

| 压簧 | 5:1 | 9-01-04 |
|---|---|---|
| | 件数 1 | 65 |

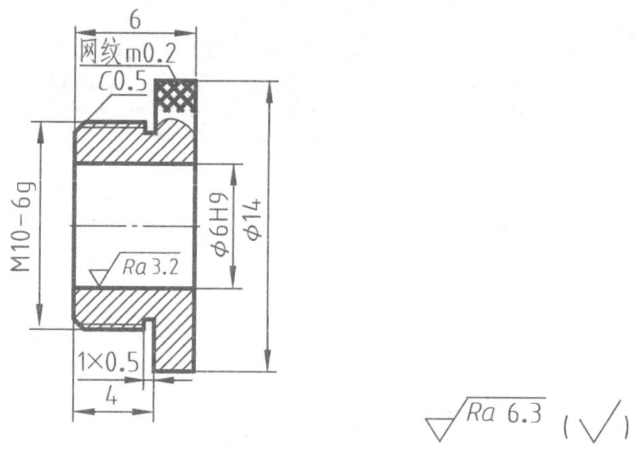

| 盖 | 4:1 | 9-01-05 |
|---|---|---|
| | 件数 1 | 15 |

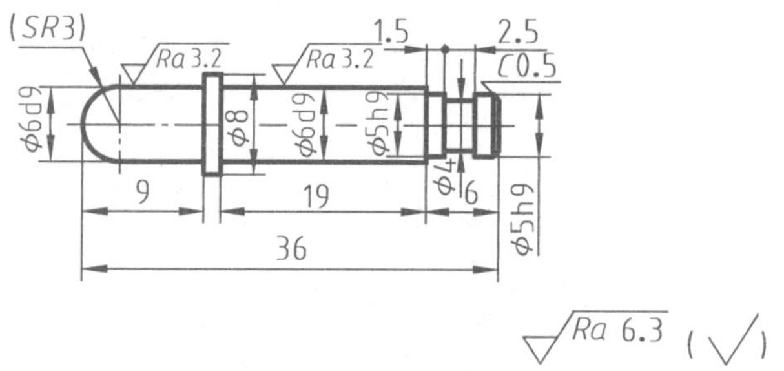

| 定位轴 | 2:1 | 9-01-01 |
|---|---|---|
| | 件数 1 | 45 |

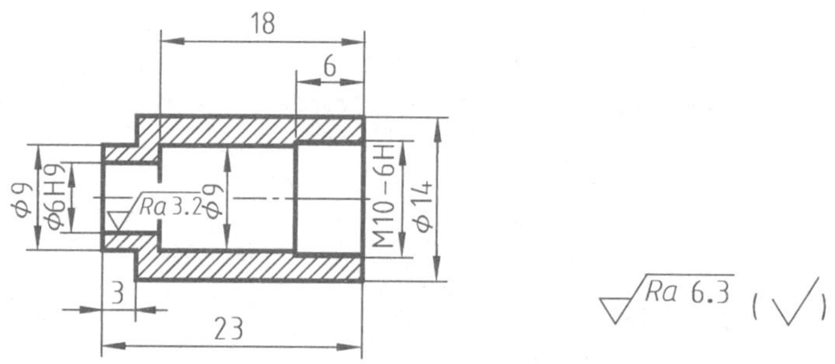

| 套筒 | 2:1 | 9-01-03 |
|---|---|---|
| | 件数 1 | 35 |

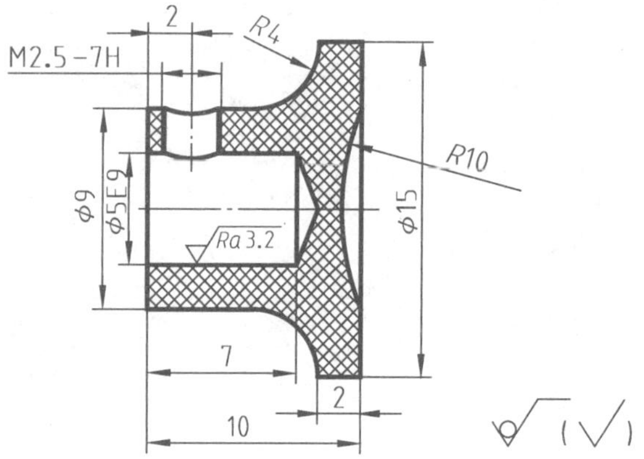

| 把手 | 4:1 | 9-01-07 |
|---|---|---|
| | 件数 1 | 塑料 |

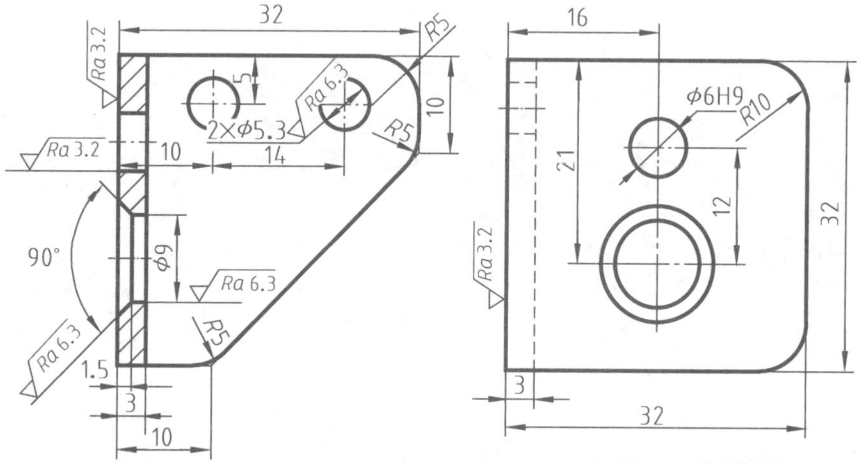

| 支架 | 2:1 | 9-01-02 |
|---|---|---|
| | 件数 1 | 35 |

## 9-2　画夹紧卡爪装配图（一）。

**作业说明：**

根据夹紧卡爪装配示意图和零件图，绘制装配图，图纸幅面和比例自选，图号：08-00。

**工作原理：**

夹紧卡爪由八种零件组成（见示意图），是组合夹具，在机床上用来夹紧工件。

卡爪 1 底部与基体 4 凹槽的配合性质为 $34\frac{H7}{h6}$，螺杆 2 的外螺纹与卡爪的内螺纹连接，而螺杆的缩颈被垫铁 3 卡住，使它只能在垫铁中转动，而不能沿轴向移动。垫铁用两个螺钉 8 固定在基体的弧形槽内。

为防止卡爪脱出基体，前、后两块盖板（7 和 5）加六个内六角圆柱头螺钉 6 连接基体。

当用扳手旋转螺杆 2 时，靠梯形螺纹转动使卡爪在基体内左右移动，以便夹紧或松开工件。

| 夹紧卡爪明细 | | | | |
|---|---|---|---|---|
| 序号 | 名称 | 件数 | 材料 | 备注 |
| 1 | 卡爪 | 1 | 40Cr | |
| 2 | 螺杆 | 1 | 40Cr | |
| 3 | 垫铁 | 1 | 40Cr | |
| 4 | 基体 | 1 | 40Cr | |
| 5 | 盖板(后) | 1 | 40Cr | |
| 6 | 螺钉 | 6 | | GB/T 70.1—2008 M8×16 |
| 7 | 盖板(前) | 1 | 40Cr | |
| 8 | 螺钉 | 2 | | GB/T 71—2018 M6×12 |

夹紧卡爪装配示意图(其中标准件两种)

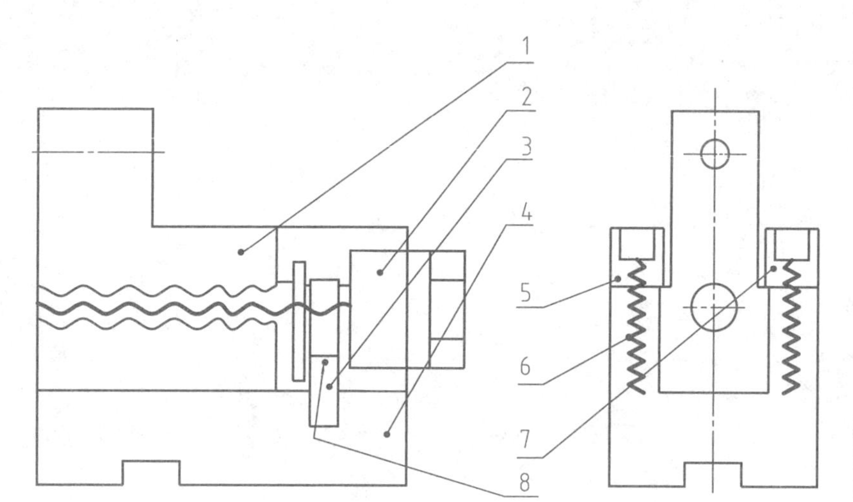

班级：　　　　姓名：　　　　学号：

## 9-3 画夹紧卡爪装配图（二）。

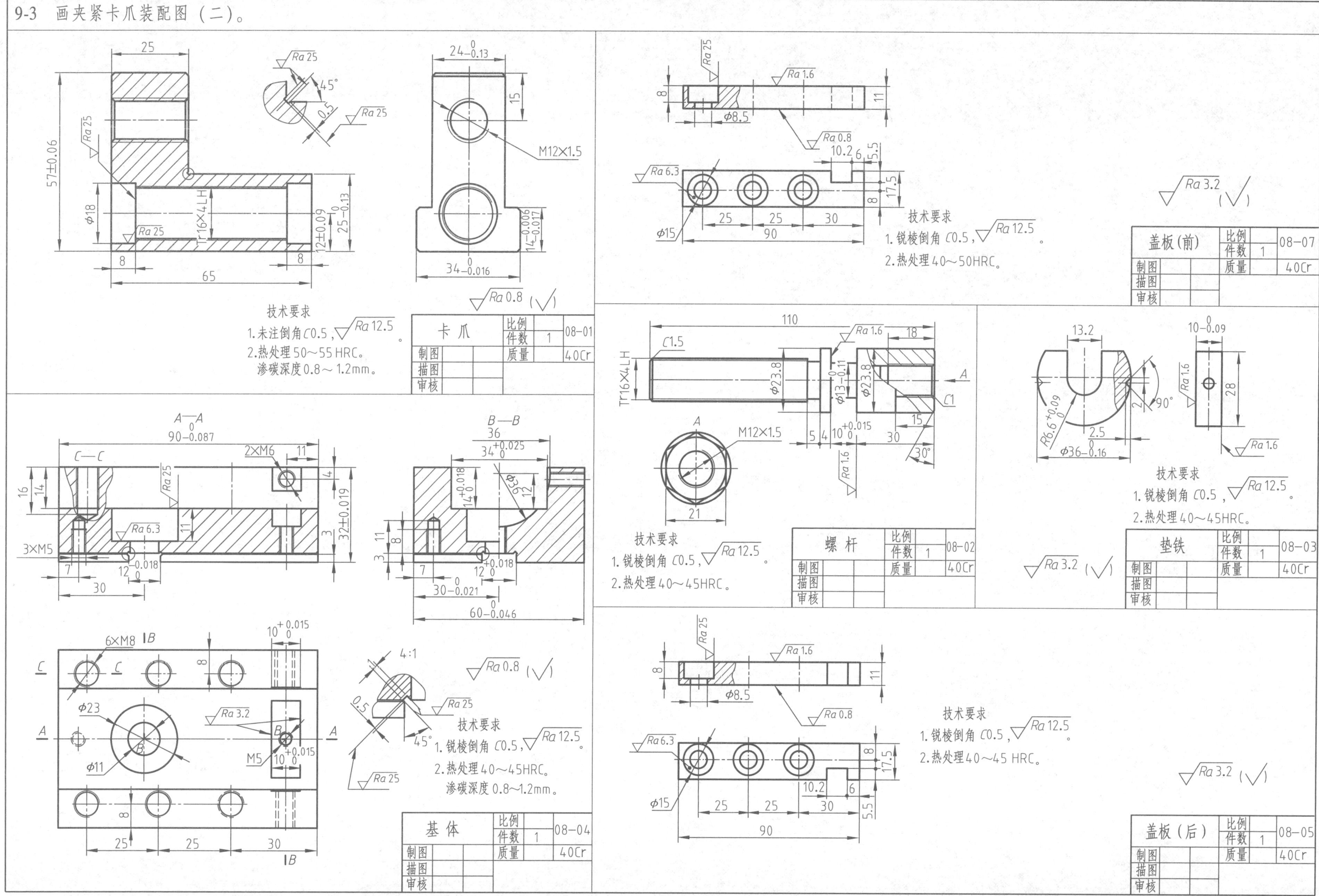

班级：　　　　姓名：　　　　学号：

9-4 读阀的装配图并由装配图拆画零件图。

**作业说明：**

看懂阀的装配图，并拆画阀体的零件图。

**工作原理：**

阀安装在管道系统中，用以控制管的"通"或"不通"，当架杆 1 受外力作用向左移动时，钢珠 4 压缩压簧 5，阀门被打开；当去掉外力时，钢珠在弹簧力的作用下将阀门关闭。

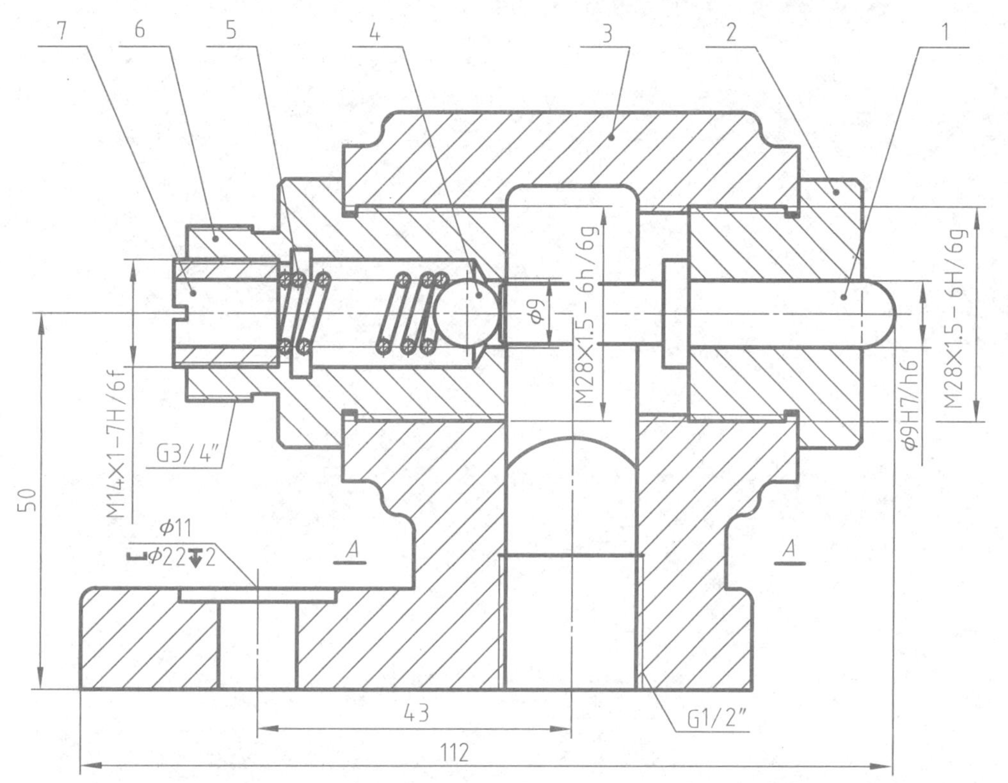


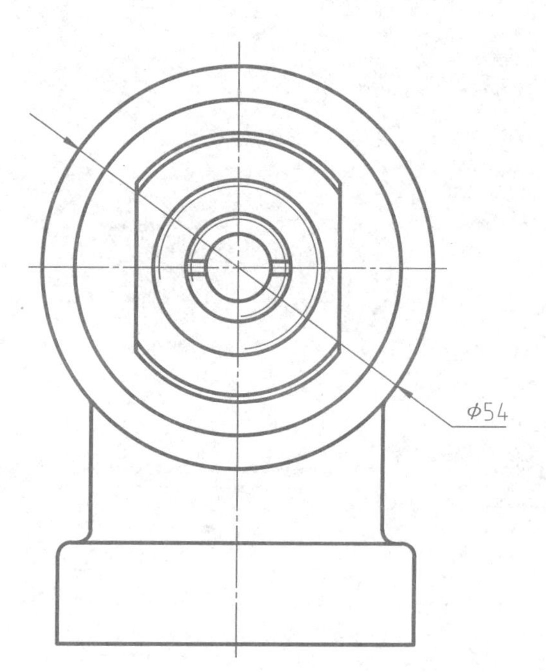


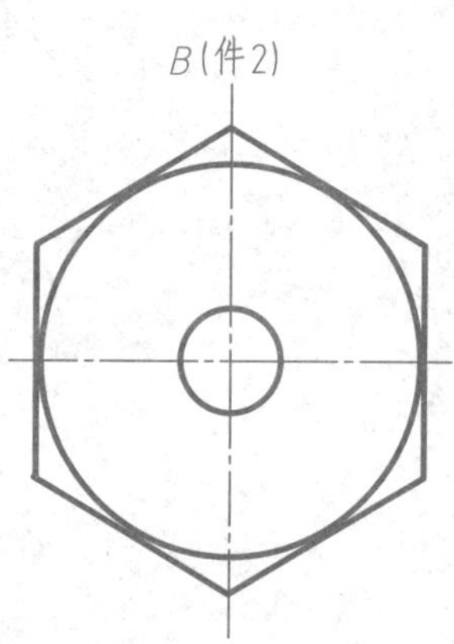


A—A

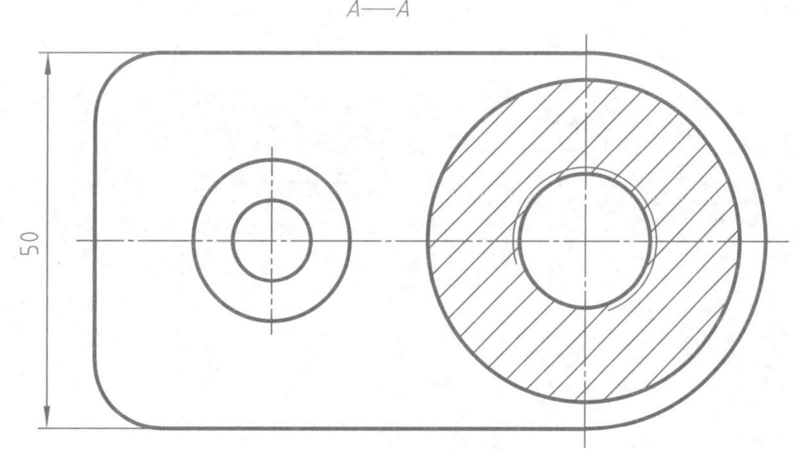


| 7 | 9-02-07 | 旋　塞 | 1 | 35 | |
|---|---|---|---|---|---|
| 6 | 9-02-06 | 管接头 | 1 | 35 | |
| 5 | 9-02-05 | 压　簧 | 1 | 65 | |
| 4 | 9-02-04 | 钢　珠 | 1 | 45 | |
| 3 | 9-02-03 | 阀　体 | 1 | HT250 | |
| 2 | 9-02-02 | 塞　子 | 1 | 35 | |
| 1 | 9-02-01 | 架　杆 | 1 | 35 | |
| 序号 | 代　号 | 名　称 | 数量 | 材　料 | 备　注 |

| 阀 | | | 9-02-00 | | |
|---|---|---|---|---|---|
| | | | 比例 | 质量 | 共 1 张 |
| 制图 | (签名) | (日期) | | | 第 1 张 |
| 校对 | (签名) | (日期) | (单位名称) | | |
| 审核 | | | | | |

## 9-5 读台虎钳的装配图，并由装配图拆画零件图。

**作业说明：**

看懂台虎钳装配图，拆画零件1（固定钳身）。

**工作原理：**

台虎钳是钳工装夹工件的工具，装夹宽度范围是0~45mm，固定钳身1通过螺杆9与压块10固定于工作台上。转动摇杆7带动丝杆3使左端活动钳身4靠拢或张开。紧定螺钉5用于限位。导杆2左端固定于活动钳身4，右端插入固定钳身1的圆孔中，起导向作用。

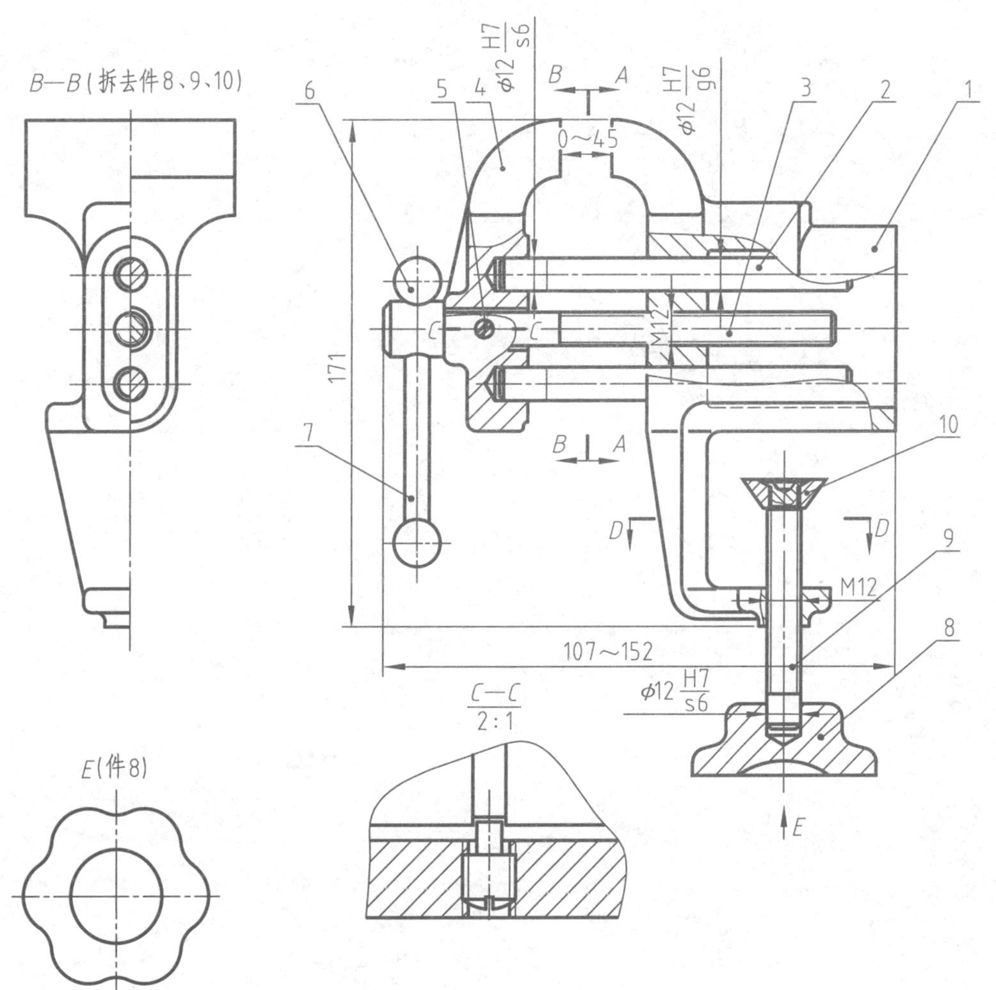


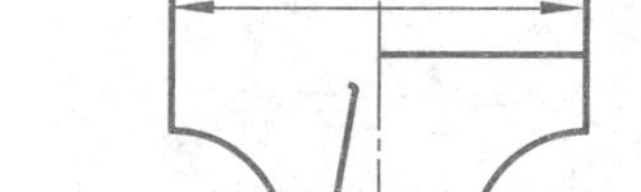


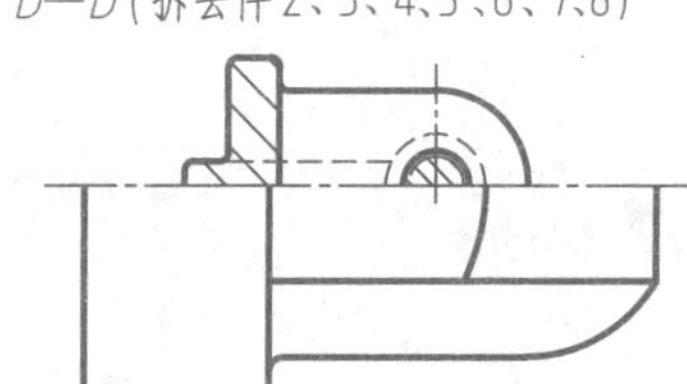


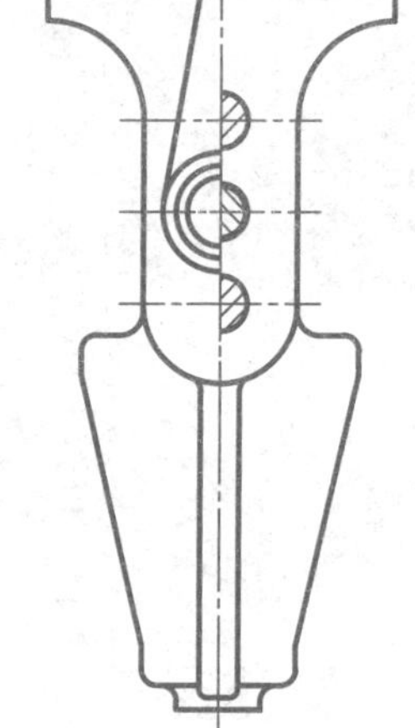

| 10 | | 压　块 | 1 | 35 | |
|---|---|---|---|---|---|
| 9 | | 螺　杆 | 1 | 45 | |
| 8 | | 手　轮 | 1 | HT200 | |
| 7 | | 摇　杆 | 1 | 45 | |
| 6 | | 手　柄 | 2 | Q235A | |
| 5 | | 紧定螺钉 | 1 | Q235A | GB/T 75—2018 M5X10 |
| 4 | | 活动钳身 | 1 | HT300 | |
| 3 | | 丝　杆 | 1 | 45 | |
| 2 | | 导　杆 | 2 | 45 | |
| 1 | | 固定钳身 | 1 | HT300 | |
| 序号 | 代　号 | 名　称 | 数量 | 材　料 | 备　注 |

| 台虎钳 | | | | （图样代号） | | |
|---|---|---|---|---|---|---|
| | | | | 比例 | 质量 | 共　张 |
| 制图 | （签名） | （日期） | （材料代号） | 1:1 | | 第　张 |
| 校对 | （签名） | （日期） | | （单位名称） | | |
| 审核 | | | | | | |

# 参 考 文 献

[1] 王静，陶冶，李季军. 工程制图习题集［M］. 2版. 北京：高等教育出版社，2013.
[2] 李丽，何扬清. 现代工程制图基础习题集［M］. 3版. 北京：中国农业出版社，2014.